Ali Aberoumand

Valores nutricionais de alguns alimentos vegetais

Ali Aberoumand

Valores nutricionais de alguns alimentos vegetais

ScienciaScripts

Imprint

Any brand names and product names mentioned in this book are subject to trademark, brand or patent protection and are trademarks or registered trademarks of their respective holders. The use of brand names, product names, common names, trade names, product descriptions etc. even without a particular marking in this work is in no way to be construed to mean that such names may be regarded as unrestricted in respect of trademark and brand protection legislation and could thus be used by anyone.

Cover image: www.ingimage.com

This book is a translation from the original published under ISBN 978-3-659-55685-2.

Publisher:
Sciencia Scripts
is a trademark of
Dodo Books Indian Ocean Ltd. and OmniScriptum S.R.L publishing group

120 High Road, East Finchley, London, N2 9ED, United Kingdom
Str. Armeneasca 28/1, office 1, Chisinau MD-2012, Republic of Moldova, Europe
Printed at: see last page
ISBN: 978-620-8-05033-7

Copyright © Ali Aberoumand
Copyright © 2024 Dodo Books Indian Ocean Ltd. and OmniScriptum S.R.L publishing group

Índice:

AVALIAÇÃO DA
COMPOSIÇÃO PROXIMAL E FITOQUÍMICA
PARA AVALIAÇÃO DOS VALORES NUTRITIVOS
DE ALGUNS ALIMENTOS VEGETAIS OBTIDOS NO IRÃ E NA ÍNDIA

Ali Aberoumand, Doutoramento

Behbahan Khatam Alanbia University ofTechnology, Behbahan, Irão

Telefone: +919167277178, Fax: +91-671-52729969. **Endereço de correio eletrónico:**
aberoumandali@yahoo.com

Endereços postais: No:22, second Alley of Ab va barg, Zolfegari,
Behbahan, Khuzestan, Irão, Código postal: 6361613517.

CAPÍTULO 1

INTRODUÇÃO

Temos de confiar nas plantas alimentares que nos fornecem os nutrientes de que necessitamos. Os hidratos de carbono, as proteínas, as gorduras, as vitaminas e os minerais são necessários para uma boa saúde. A maior parte das plantas fornecem-nos todos estes nutrientes em quantidades suficientes e em proporções adequadas. A bio-nutrição inclui o estudo de todas estas substâncias químicas e dos seus recursos naturais.

O homem sempre recorreu às plantas para o ajudar. Alimentos, forragem, abrigo, medicamentos e todas as necessidades da sua vida, o homem tem utilizado as plantas. As plantas desempenharam um papel importante em quase todas as civilizações e culturas antigas e actuais. Os antigos descobriram as propriedades das plantas para os seus cuidados de saúde. Algumas plantas são utilizadas para fins medicinais, enquanto outras são utilizadas pelos seus valores nutritivos. Assim, o homem adquiriu conhecimentos desde tempos imemoriais através dos instintos humanos, de métodos de tentativa e erro e de observações atentas.

Todos os legumes e frutos familiares das nossas hortas, bem como os cereais dos nossos campos, foram outrora plantas selvagens; ou, para ser mais exato, são os descendentes, melhorados pelo cultivo e pela seleção. Muitas delas - como, por exemplo, a batata, o milho indiano, certas espécies de feijão e o tomate - são originárias do Novo Mundo. Embora agora sejam largamente negligenciadas, muitas destas plantas constituíam, em anos passados, um elemento importante na dieta dos aborígenes, que eram vegetarianos em maior grau do que geralmente se suspeita, e cuja investigação paciente e engenhosidade abriram o caminho para a maior parte do que conhecemos das possibilidades económicas da nossa flora indígena (Charles, 1920; Elliot, et al. 1995).

Importância da produção e do consumo de frutas e legumes no mundo:

A revolução verde e os esforços subsequentes através da aplicação da ciência e da tecnologia para aumentar a produção alimentar na Índia trouxeram a autossuficiência alimentar. O impulso dado pelo Governo, pelas universidades agrícolas estatais, pelos departamentos estatais de agricultura e por outras organizações, através da evolução e da introdução de numerosas variedades híbridas de cereais, leguminosas, frutos e produtos hortícolas e de práticas de gestão melhoradas, resultou num aumento da produção alimentar. As frutas e os produtos hortícolas, que se encontram entre os produtos perecíveis, são ingredientes importantes da dieta humana. Devido ao seu elevado valor nutritivo, contribuem significativamente para o bem-estar humano. As frutas e os produtos hortícolas perecíveis estão disponíveis como excedentes sazonais durante certas partes do ano em diferentes regiões e são desperdiçados em grandes quantidades devido à ausência de instalações e de conhecimentos para um manuseamento, distribuição, comercialização e armazenagem adequados. Além disso, quantidades maciças de frutos e produtos hortícolas perecíveis produzidos durante uma determinada estação resultam num excesso no mercado e tornam-se escassos durante outras estações. Nem todos podem ser consumidos em estado fresco nem vendidos a preços economicamente viáveis.

Nos países em desenvolvimento, a agricultura é o principal pilar da economia. Como tal, não é de surpreender que as indústrias agrícolas e as actividades conexas possam representar uma proporção considerável da sua produção. Entre os vários tipos de actividades que podem ser consideradas de base agrícola, a transformação de frutas e produtos hortícolas é uma das mais importantes. Por conseguinte, a transformação de frutas e produtos hortícolas tem atraído a atenção de planeadores e decisores políticos, uma vez que pode contribuir para o desenvolvimento económico da população rural. A utilização de recursos, tanto materiais como humanos, é uma das formas de melhorar o estatuto económico da família.

Todas as formas de conservas de frutos estão ao alcance apenas da elite urbana, e as massas rurais que produzem mais de 90% destes frutos e legumes são normalmente privadas da sua utilização.

A Índia progrediu bastante no mapa da horticultura mundial, com uma produção anual total de frutas e produtos hortícolas superior a 131 milhões de toneladas em 1998-99. Atualmente, a Índia é o segundo maior produtor de frutas (44 milhões de toneladas) e de produtos hortícolas (87,5 milhões de toneladas), tal como referido na Indian Horticulture Database-2000 publicada pelo National

Horticulture Board. A nossa quota na produção mundial é de cerca de 10,1 por cento no que respeita aos frutos e de 14,4 por cento no que respeita aos produtos hortícolas. As culturas hortícolas cobrem cerca de 8 por cento da área total contribuindo com cerca de 20% da produção agrícola bruta do país. A Índia produz 41,7% das mangas a nível mundial. 25,7% das bananas e 13,6% da cebola mundial. No entanto, a produtividade dos frutos e produtos hortícolas cultivados no país é baixa em comparação com a dos países desenvolvidos. A produtividade global dos frutos é de 11,8 toneladas por hectare e a dos legumes é de 14,9 toneladas por hectare (Salvadoran, et al. 1984).

Principais produtores mundiais de frutas e produtos hortícolas (1998-1999)*

Frutos	Legumes
Produção nacional	Produção nacional
("000" MT)	("000" MT)
MUNDO	MUNDO
434703	606053
ÍNDIA	ÍNDIA
44042	87536
CHINA	CHINA
53926	237136
BRASIL	EUA
37179	34924
EUA	TURQUIA
31494	21743
ITÁLIA	ITÁLIA
17676	14501
ESPANHA	JAPÃO
13323	13629
MEXICO	IRÃO
12342	12751
FRANÇA	EGIPTO
10863	12379
TURQUIA	RUSSO
10263	12098
FILIPINAS	ESPANHA
10160	11496

Embora a Índia seja o segundo maior produtor de frutas e produtos hortícolas do mundo, o consumo per capita de frutas e produtos hortícolas para mais de mil milhões de habitantes é muito baixo. Infelizmente, mais de 25% da produção de frutas e produtos hortícolas é desperdiçada devido a instalações de transformação inadequadas. Apesar de uma produção tão grande, a sua transformação ainda não foi devidamente desenvolvida. A transformação inclui o pré-processamento de frutas e legumes antes de estes estarem aptos a serem utilizados para a conversão final em alimentos transformados. O atraso na utilização dos alimentos colhidos retira-lhes a frescura, a palatabilidade, a atração e o valor nutritivo. Os frutos tropicais são deliciosos, sumarentos e polposos. Não podem ser colhidos cedo, armazenados no frio ou sujeitos a um controlo e a um processo prolongado, como é possível no caso dos frutos cultivados em regiões temperadas ou frias. São colhidos no ponto ótimo de maturação e transformados ou consumidos imediatamente à medida que amadurecem, pois requerem uma atenção e técnicas especiais.

A indústria de conservação e transformação de alimentos tornou-se atualmente mais uma necessidade do que um luxo. Tem um papel importante na conservação e melhor utilização de frutas e legumes. Para evitar o excesso e utilizar o excedente durante a estação, é necessário empregar métodos modernos para prolongar o tempo de armazenamento para uma melhor distribuição e também técnicas de processamento para os preservar para utilização na época baixa, tanto em grande como em pequena escala (Herausgegeben Von of Medical Research Recommended).

Tanto os projectos de transformação de frutas e produtos hortícolas estabelecidos como os planeados visam resolver um problema de desenvolvimento muito claramente identificado. Este é o facto de, devido à procura insuficiente, às fracas infra-estruturas, ao transporte deficiente e à natureza perecível das culturas, o produtor sofrer perdas substanciais. Durante o período pós-colheita, as perdas são consideráveis e, muitas vezes, alguns dos produtos têm de ser dados aos animais ou deixados a apodrecer. Por conseguinte, a transformação de alimentos refere-se à aplicação de técnicas aos alimentos de uma forma sistemática para evitar perdas através da preservação, transformação, embalagem, armazenamento e distribuição, em última análise, para garantir uma maior disponibilidade de uma grande variedade de alimentos que ajudaria a melhorar a ingestão de alimentos e os padrões nutricionais durante o período de baixa disponibilidade.

Milhões de pessoas em muitos países em desenvolvimento não têm comida suficiente para satisfazer as suas necessidades diárias e um número ainda maior de pessoas é deficiente em um ou mais micronutrientes (FAO, 2004). Assim, na maioria dos casos, as comunidades rurais dependem de recursos selvagens, incluindo plantas comestíveis selvagens, para satisfazer as suas necessidades alimentares em períodos de crise alimentar. A diversidade de espécies silvestres oferece variedade na dieta familiar e contribui para a segurança alimentar do agregado familiar. Numerosas publicações fornecem um conhecimento detalhado de plantas silvestres comestíveis em locais específicos em África. (Becker, 1986). Todas mostraram que as plantas silvestres são componentes essenciais da dieta de muitos africanos, especialmente em períodos de escassez sazonal de alimentos. Um estudo realizado no Zimbabué revelou que algumas famílias pobres dependem de frutos silvestres como alternativa aos alimentos cultivados para um quarto de todas as refeições da estação seca (Wilson, 1990). Do mesmo modo, no Norte da Nigéria, os vegetais de folha e outros alimentos do mato são recolhidos como suplementos diários para condimentos e sopas (Loghurst, 1986).Na Suazilândia, as plantas silvestres continuam a ser de grande importância e contribuem com uma parte maior para a dieta anual do que as culturas domesticadas (Ogle ,1985).Vários relatórios também observaram que muitos alimentos silvestres são nutricionalmente ricos (Maundu et al. 1999). A análise nutricional de algumas plantas alimentares selvagens demonstra que, em muitos casos, a qualidade nutricional das plantas selvagens é comparável e, nalguns casos, até superior à das variedades domesticadas (Kabuye, 1997).

A presente invenção refere-se a uma formulação nutracêutica protetora e promotora da saúde à base de plantas para melhorar a saúde geral dos diabéticos. Os alimentos nutracêuticos ou partes de alimentos podem proporcionar benefícios médicos para a saúde, incluindo a prevenção e/ou o tratamento de doenças. Os nutracêuticos são alimentos ou ingredientes bioactivos de alimentos que protegem ou promovem a saúde, quer sejam fornecidos sob a forma de produtos agrícolas em bruto, alimentos transformados, suplementos dietéticos, extractos, bebidas ou outros produtos, e ocorrem na intersecção das indústrias alimentar e farmacêutica. O desenvolvimento de "superalimentos" ou produtos nutracêuticos da próxima geração consiste num valor acrescentado aos regimes alimentares naturais tradicionais. Os seus ingredientes têm um enorme impacto no sistema de saúde e podem proporcionar benefícios médicos, incluindo a prevenção e/ou o tratamento de doenças. Os nutracêuticos têm potencial para serem utilizados como suplemento alimentar, medicina preventiva e as provas crescentes apontam no sentido de que certos alimentos combatem e/ou previnem doenças (OMS, 1985).

A palavra Nutracêuticos combina "nutrição" e "produtos farmacêuticos", o que significa que podem ser utilizados como medicamentos preventivos ou suplementos alimentares. Todo o conceito se baseia nos fitonutrientes presentes nos géneros alimentícios da dieta para prevenir/tratar doenças, por exemplo, os fitoesteróis competem com o colesterol da dieta pela absorção no intestino, bloqueando assim a absorção do colesterol pelo organismo, e podem também impedir o desenvolvimento de tumores nas glândulas mamárias e da próstata. Os fenóis, um grande grupo de fitonutrientes, têm grande importância na medicina preventiva. Os fotoquímicos podem aumentar a eficácia da vitamina C, podem também atuar contra alergias, úlceras, tumores, agregação plaquetária, controlar a hipertensão e reduzir o risco de cancro induzido por estrogénios (Bazzano, 2002& Sena et al. 1998). Os alimentos corretos têm o poder de curar, mantendo a boa saúde das funções do corpo, o envelhecimento, o rejuvenescimento, a imuno-modulação e a prevenção de doenças, tal como os alimentos errados podem causar doenças, envelhecimento rápido e morte prematura (FAO, 1998).

DESCRIÇÃO DO ESTADO DA TÉCNICA:

A utilização de extractos e derivados de plantas para fins curativos e preventivos foi amplamente descrita na literatura sobre medicina tradicional e popular. Ao longo dos séculos, as plantas têm servido como uma fonte importante de medicamentos para o tratamento e prevenção de doenças da humanidade. Embora recentemente a capacidade de síntese e conceção de novos medicamentos tenha proporcionado novas vias para o desenvolvimento de fármacos terapêuticos, no entanto, os fitomedicamentos derivados de plantas continuam a ter uma posição forte. Os alimentos indígenas no tratamento da diabetes mellitus foram descritos por Subbulakshmi & Naik (SNDT Women's University, Mumbai, e Internet). Durante séculos, plantas específicas, os seus extractos ou misturas foram utilizados para o tratamento de doenças no sistema de medicina indiano e muitas delas foram documentadas como tendo eficácia clínica no tratamento de doenças. As plantas como Alfafa, *Aloé vera*, Bardana, Aipo, Seda, Damiana, Elecampane, Eucalipto,

O feno-grego, o alho, o gengibre, o ginseng, o panax, o zimbro, o marshmallow, a mirra, a urtiga, a salva e o tansy foram referidos como ingredientes hipoglicémicos à base de plantas (Internet). No mercado internacional, estão disponíveis na Internet produtos comerciais com nomes de marca como Pancreas Formula, Eleotin, Ayubes, Diabetes Hypo glucose Capsules, Pearl Hypoglycemic Capsules, Tongyitang Diabetes Angle Hypoglycemic Capsules e Zhen Qi Capsules. Na Índia, os produtos comerciais disponíveis no mercado são Cogent-db, Diabyog Capsules, Diabyog Granules, Diabecon, Madhu Mehari Granules, Madhu Sunya e Madhumeh Amrit, etc.

A maioria dos produtos é uma mistura de ervas/plantas medicinais, minerais e bhasams (cinzas) sem uma composição nutricional equilibrada adequada para melhorar a saúde geral dos diabéticos e nenhum deles é um nutracêutico. Os nutracêuticos com diferentes nomes de marca estão comercialmente disponíveis no mercado internacional (Internet) e no mercado indiano. Para além dos ingredientes naturais, a maioria dos produtos contém também alguns ingredientes sintéticos e é recomendada como suplemento alimentar apenas para fins nutricionais. Por outro lado, a presente invenção fornece um processo para a preparação de nutracêuticos com uma combinação específica de leguminosas comestíveis, cereais, pseudo-cereais para nutrientes naturais e ervas/plantas medicinais com valores medicinais significativos para fornecer uma nutrição equilibrada óptima e benefícios gerais de proteção da saúde, promoção e prevenção de doenças para os diabéticos. Tanto quanto é do conhecimento do Requerente, não existe nenhum nutracêutico que compreenda uma combinação de leguminosas, cereais, pseudocereais fortificados com ervas/plantas medicinais utilizado na presente invenção ou um processo para a preparação do mesmo para doentes diabéticos. Uma pesquisa bibliográfica e um rastreio na Internet revelaram que os nutracêuticos que compreendem uma combinação adequada de sementes comestíveis naturais, ervas e plantas medicinais ainda não foram preparados para fornecer uma nutrição adequada e benefícios protectores para a saúde dos diabéticos (Gemedo et al. 2005).

O objetivo do estudo:

O principal objetivo da presente invenção diz respeito à composição de alimentos funcionais nutracêuticos feitos à medida, numa combinação adequada de sementes comestíveis naturais, ervas/plantas medicinais para proporcionar uma nutrição óptima e proteger a saúde, benefícios de promoção e prevenção de doenças para doentes diabéticos. Outro objetivo da presente invenção é fornecer uma formulação nutracêutica protetora da saúde à base de plantas, que evita os inconvenientes acima descritos

Ainda outro objetivo da presente invenção é formular uma combinação de leguminosas comestíveis, cereais, pseudo-cereais com potencial promissor para o desenvolvimento de material de base para fornecer nutrientes naturais essenciais. Ainda outro objetivo da presente invenção é desenvolver uma formulação nutracêutica protetora da saúde e preventiva de doenças, para melhorar a saúde geral dos diabéticos, como suplementos alimentares com atributos funcionais específicos através da fortificação do material de base nutricional com ervas/plantas medicinais (Gemedo et al. 2005).

Alimentos silvestres de fome e problemas associados:

A maioria das plantas silvestres comestíveis registadas neste estudo são comestíveis tanto em tempos normais como durante a escassez de alimentos. No entanto, algumas (27,3%) plantas silvestres comestíveis são consumidas apenas durante a fome ou em tempos de escassez de alimentos. Os alimentos de fome são usados apenas quando as alternativas preferidas não estão disponíveis e em situações onde prevalece a escassez crónica de alimentos. Por outro lado, embora a maioria das espécies comestíveis de fome sejam úteis em períodos de escassez de alimentos, algumas delas contêm substâncias que incitam a reacções nocivas que resultam em doenças quando ingeridas por humanos ou animais. Nas áreas de Kusume e Derashe, por exemplo, os informantes relataram que *Amaranthes graecizans* e *Portulaca quadrifida* causam anemia e fraqueza corporal quando consumidas em grandes quantidades e/ou durante um período prolongado. Do mesmo modo, *Corchorus olitorius* causa disenteria quando consumida continuamente. Além disso, os informadores da Kusume afirmaram que os frutos de *Balanites aegyptiaca* provocam uma sensação de ardor no estômago quando consumidos em grandes quantidades e/ou durante um período prolongado. As folhas de *Pentarrhinum inspidum* são fatais quando dadas ao gado. Nas zonas de Gamo, as cabras morrem quando se alimentam de frutos de *Lepisanthes senegalensis*. Outras espécies comestíveis devido à fome são trabalhosas de colher ou requerem um longo tempo de processamento antes de serem utilizadas. Por exemplo, a cozedura de frutos de *Dobera glabra* demora um dia inteiro. Do mesmo modo, escavar o solo e colher raízes de *Dioscorea praehensilis* é um trabalho difícil e laborioso.

A maioria destas plantas comestíveis para a fome são infestantes e frequentemente utilizadas como vegetais de folha durante a escassez de alimentos. O consumo de matéria vegetal de plantas silvestres tem mais regularidade e maior proporção de ingestão em tempos de escassez de alimentos (Kabuye, 1997). A informação sobre a comestibilidade destas espécies foi em grande parte obtida do grupo de baixo rendimento. No entanto, com o advento da ajuda de emergência através do programa "comida por trabalho", a utilização de algumas plantas silvestres comestíveis para a fome (por exemplo, *Sporobolus pyramidalis* e *Dioscorea praehensilis*) está a diminuir. A utilização reduzida destas espécies pode levar gradualmente ao desaparecimento do conhecimento indígena associado às espécies e, por conseguinte, representa um perigo para as pessoas mais pobres que dependiam destas plantas alimentares baratas e de acesso relativamente fácil. Por conseguinte, devem ser envidados esforços para promover as utilizações destes alimentos silvestres através de estudos genéticos e nutricionais e do desenvolvimento de métodos de transformação adequados. Para este fim, o conhecimento etnobotânico é um ponto de entrada importante e uma informação pragmática de base para a investigação e o desenvolvimento destes alimentos silvestres.

É interessante mencionar que algumas espécies comestíveis de *Amaranthus, Corchorus* e *Portulaca* são domesticadas e amplamente utilizadas como vegetais de folhas tradicionais na maioria dos países africanos, como o Uganda, Quénia, Gana, Nigéria, Zâmbia, África do Sul, Botswana e Tanzânia. Por exemplo, no Quénia, cerca de 200 espécies de plantas, a maioria das quais selvagens, são consumidas como vegetais de folhas. Um estudo realizado no norte do Senegal mostrou também que os alimentos silvestres são normalmente utilizados para suprir a escassez sazonal de vitaminas, que ocorre no início da estação das chuvas. Trabalhos de vários autores também mostraram a importância e o papel crítico das plantas silvestres no suprimento das necessidades alimentares sazonais e na manutenção da qualidade nutricional das dietas tradicionais. A análise nutricional de algumas plantas comestíveis folhosas mostrou ainda que elas têm valores alimentares ainda melhores do que os vegetais cultivados. Em resumo, portanto, o potencial das espécies de plantas alimentares silvestres na segurança alimentar e nutricional, na saúde e na geração de rendimentos tem vindo a aumentar face às crescentes mudanças ambientais e socioeconómicas (Campbell, 1987).

Nutrição:

A nutrição, enquanto ciência, tem sido definida de muitas formas. Mais simplesmente, tem sido definida como a ciência de nutrir corretamente o corpo ou a análise do efeito dos alimentos no organismo vivo. Também tem sido definida como uma relação entre o homem e a sua alimentação com implicações psicológicas e sociais, bem como psicológicas e bioquímicas. O Conselho de Alimentação e Nutrição da Associação Médica Americana vai ainda mais longe ao declarar que a nutrição é "a ciência dos alimentos, dos nutrientes e das outras substâncias neles contidas, dos processos pelos quais o organismo ingere, digere, absorve, transporta, utiliza e excreta as substâncias alimentares".

Independentemente da definição, existe um consenso geral de que a nutrição diz respeito à forma como os alimentos são produzidos, às alterações que ocorrem nos mesmos antes de serem ingeridos e à forma como o corpo utiliza os alimentos até serem incorporados nos tecidos corporais ou excretados. Isto inclui o estudo da digestão, da absorção e da sua utilização nos vários tipos de células do corpo. Além disso, os nutricionistas estão disponíveis; o que uma pessoa escolhe para comer; e como essas escolhas afectam a qualidade nutritiva da dieta e, como resultado, a saúde do indivíduo (Truesdell e Whitney, 1984).

Importância de uma boa alimentação:

Antes de iniciar um estudo intensivo de nutrientes individuais, o estudante de nutrição pode legitimamente perguntar: "que provas existem de que a nutrição faz a diferença?" O Departamento de Agricultura dos Estados Unidos (USDA) tentou estimar os custos das actividades de má nutrição que podem reduzir a morbilidade e a mortalidade por doenças cardíacas em 25%, por doenças respiratórias e infecciosas em 20%, por cancro em 20% e por diabetes em 50%. A Comissão do Senado para a Nutrição e as Necessidades Humanas citou a anemia, a obesidade, o alcoolismo, as alergias, a cárie dentária, a artrite e a osteoporose entre as muitas doenças para as quais uma dieta melhorada resultaria em poupanças substanciais e no alívio da miséria humana. Os custos evitáveis atribuíveis a essas doenças são estimados em milhares de milhões de dólares por ano. Assim, parece que uma boa nutrição pode, de facto, ser um dos nossos recursos mais valiosos e subutilizados (Wyse, 1979).

O que é um nutriente?

Nutriente: substância que um organismo deve obter do meio envolvente para o seu crescimento e o sustento da vida. Nos velhos tempos do trabalho de composição dos alimentos, sentíamo-nos confortáveis com a simples caraterização dos componentes alimentares. Mas se não fossem nutrientes, podiam ser classificados como antineutrinos, tóxicos ou simplesmente não-nutrientes interessantes. É claro que, atualmente, os componentes não são caracterizados de forma tão simples. Os polifenóis, medidos em pelo menos dois dos estudos apresentados nesta edição da JFCA, eram referidos como antineutrinos num passado não muito distante. Nos últimos anos, raramente vemos esse tipo de caraterização. Muitos dos polifenóis são agora caracterizados como não-nutrientes bioactivos benéficos, com sugestões ocasionais de que alguns poderiam até ser chamados de nutrientes. O mesmo se aplica às flavonas e ao campestral, relativamente aos quais temos mais dados novos nesta edição. Uma outra situação de confusão existe com as caracterizações funcionais dos componentes alimentares (Mondy et al. 1988; Morgan et al. 1987 & Mottram et al. 2002).

Como é que o corpo utiliza os alimentos?

Os alimentos desempenham muitas funções para o indivíduo. O seu valor psicológico, o seu significado social e o seu valor de saciedade são mais susceptíveis de serem determinantes de quando, quanto e que alimentos são consumidos do que as considerações nutricionais.

No entanto, o papel dos alimentos que nos interessa em primeiro lugar é o de nutrir o corpo. Se escolhermos os alimentos de forma sensata, ser-nos-ão fornecidos todos os nutrientes essenciais para o funcionamento normal do organismo. Se os alimentos não forem escolhidos corretamente, teremos uma deficiência de um ou mais nutrientes essenciais. Um nutriente essencial é definido como um nutriente que deve ser fornecido pelos alimentos porque não o conseguimos sintetizar a um ritmo suficiente para satisfazer as nossas necessidades.

As proteínas estão envolvidas no fornecimento de energia e no crescimento e manutenção, mas os hidratos de carbono e os lípidos estão envolvidos no fornecimento de energia e as vitaminas e os minerais estão indiretamente envolvidos no fornecimento de energia e no crescimento e manutenção do organismo.

Alguns nutrientes estão presentes numa grande variedade de alimentos, pelo que existe pouca probabilidade de ocorrerem carências. Por outro lado, alguns estão distribuídos num número limitado de alimentos e estarão presentes em quantidades inferiores às ideais se a variedade da dieta for limitada.

No entanto, existe um número infinito de formas em que os alimentos podem ser combinados para fornecer uma quantidade e variedade adequadas destes nutrientes (Gopalan et al.2000 & Nancy et al. 2003).

Contributo nutricional dos frutos e produtos hortícolas:
A recomendação de que a dieta contenha quatro porções de frutas e vegetais não enfatiza as escolhas a serem feitas dentro deste grupo. Uma vez que os alimentos deste grupo são tão diversos em termos de valores nutricionais, os programas de educação nutricional promovem a utilização de uma porção de citrinos ou de outro fruto ou vegetal rico em ácido ascórbico todos os dias e uma porção de vegetais verde-escuros, amarelos ou cor de laranja como fonte de vitamina A em dias alternados. Devido ao baixo teor calórico deste grupo de alimentos, o Índice de Qualidade Nutricional (INQ) para a vitamina C, A e ferro é geralmente superior a 1. Para além disso, são fornecidas quantidades valiosas de folacina, magnésio e cálcio (Spiller, 2001).

Nos frutos e legumes, a quantidade de vitamina C presente varia consoante a variedade, o grau de maturação, a estação do ano, as condições climáticas, a duração e as condições de armazenamento e a parte da planta utilizada. A perda de nutrientes nos frutos e produtos hortícolas começa logo após a colheita e pode ser especialmente rápida nas primeiras horas. Para além das perdas causadas pela oxidação, outras perdas podem ser atribuídas à remoção de partes da planta durante a preparação para tornar o produto mais palatável. Como a vitamina C é um nutriente relativamente instável, facilmente destruído pelo calor, oxidação e álcalis, é importante utilizar métodos de preparação e colheita que minimizem a perda de nutrientes. Estes incluem limitar a exposição ao ar, especialmente a temperaturas elevadas, cozinhar numa quantidade mínima de água durante o período mais curto, manter o período de armazenamento no mínimo e servir imediatamente após a cozedura. A vitamina C nos legumes, *espargos*, espinafres, é uma fonte importante, especialmente quando são servidos crus ou preparados de forma a minimizar as perdas (Kaur e Kapoor, 2001)

A ciência relativamente poucos frutos e vegetais verde-escuros ou amarelos, que são fontes ricas de caroteno, são itens populares ou baratos na dieta, uma abordagem realista de um guia alimentar sugere o uso destes em dias alternados.

Isto justifica-se adicionalmente devido à estabilidade da vitamina A e do caroteno e porque os alimentos que são fontes ricas fornecem normalmente mais do que a dose diária numa só porção. Assim, uma ingestão diária de alimentos ricos em vitamina A, embora desejável, não é absolutamente necessária. O valor de vitamina A dos vegetais verde-escuros e amarelos típicos varia consoante o grau de pigmentação (Masuda et al.. 2003).

Para além das contribuições únicas de caroteno e vitamina C, o grupo das frutas e legumes contribui com cerca de 25% da ingestão diária de ferro. A quantidade de ferro varia consoante os alimentos e as partes escolhidas: o teor de ferro é mais elevado nas folhas do que nos caules, frutos ou porções subterrâneas. A absorção de ferro dos frutos e legumes é inferior a 5%, principalmente devido ao elevado teor de celulose e ácido fítico presente na maioria dos legumes. Por outro lado, a vitamina C presente em muitos frutos aumenta a absorção de ferro (Ekanayake e Nair, 1999 & Weaver e Kannan, 2002).

O teor de minerais vestigiais dos frutos e produtos hortícolas depende da quantidade presente no solo em que a planta foi cultivada. A diversidade das fontes geográficas dos frutos e produtos hortícolas e os sistemas modernos de transporte dos produtos para o mercado reduzem a possibilidade de um baixo consumo (Janab e Thompson 2002 & Reddy, 2002)

A ingestão de cálcio proveniente de frutas e legumes é pequena em comparação com a do grupo do leite, mas assumirá maior importância se a ingestão de leite for baixa. Se forem escolhidos ervilhas ou feijões, é fornecida uma fonte rica de tiamina e se forem utilizados vegetais de folha verde escura, como os espinafres, a ingestão de riboflavina será elevada.

De um modo geral, os frutos e os legumes são fontes pobres de proteínas, e as que existem são de baixo valor biológico devido à falta de alguns aminoácidos essenciais. As raízes e os tubérculos contêm 2% de proteínas e 20% de hidratos de carbono, enquanto as leguminosas, como as ervilhas e os feijões, têm 4% de proteínas e 13% de hidratos de carbono (Holland et al. 1993 & Gillman et al. 1995).

A contribuição energética do grupo das frutas e legumes é geralmente baixa devido à elevada proporção de celulose e água e ao baixo teor de gordura.

No entanto, é preciso ter em conta que o contributo calórico de um prato de fruta ou de legumes pode ser o dobro ou o triplo do dos alimentos de base, consoante a forma como são preparados.

Outro importante benefício nutricional do uso de frutas e legumes é o volume fornecido pela fibra. Esta promove a motilidade gastrointestinal normal e facilita muito a passagem dos alimentos através do trato digestivo, ajudando a prevenir a obstipação. A evidência recente de que o baixo teor de fibra alimentar pode ser responsável pelo aumento da incidência de diverticulose e que pode estar associado ao cancro do cólon é mais uma razão para utilizar frutos e legumes (Food and Nutrition Board, 2002; Kamath, 1980 & Marlett, 1992).

Não se deve ignorar o valor de muitos frutos para estimular o apetite. Também servem como fontes de um ácido orgânico no estômago que facilita a absorção de cálcio e ferro, particularmente em pessoas idosas que têm uma secreção reduzida de ácido clorídrico. Se os frutos, por vezes descritos como "alimentos detergentes", forem consumidos no final de uma refeição, ajudam a remover os hidratos de carbono que possam ter aderido à superfície dos dentes, tendo assim um efeito benéfico na saúde dentária (Abdullah, 1981).

Nutrição básica

Muitas pessoas receiam que, ao deixarem de comer carne e peixe, possam correr o risco de sofrer alguma deficiência nutricional. Este não é o caso, pois todos os nutrientes de que necessita podem ser facilmente obtidos através de uma dieta vegetariana. De facto, a investigação mostra que, em muitos aspectos, uma dieta vegetariana é mais saudável do que a de um típico comedor de carne.

Os nutrientes são geralmente divididos em cinco classes: hidratos de carbono, proteínas, gorduras (incluindo óleo), vitaminas e minerais. Também precisamos de fibras e água. Todos são igualmente importantes para o nosso bem-estar, embora sejam necessários em quantidades variáveis, desde cerca de 250 g de hidratos de carbono por dia até menos de dois microgramas de vitamina B12. Os hidratos de carbono, as gorduras e as proteínas são normalmente designados por macronutrientes e as vitaminas e os minerais são normalmente designados por micronutrientes.

A maioria dos alimentos contém uma mistura de nutrientes (existem algumas excepções, como o sal puro ou o açúcar), mas é conveniente classificá-los pelo nutriente principal que fornecem. Ainda assim, vale a pena lembrar que tudo o que come fornece uma gama completa de nutrientes essenciais.

Proteína

As mulheres precisam de cerca de 45 g de proteínas por dia (mais se estiverem grávidas, a amamentar ou forem muito activas), os homens precisam de cerca de 55 g (mais se forem muito activos). A evidência sugere que o excesso de proteínas contribui para as doenças degenerativas. Os vegetarianos obtêm proteínas de:

Frutos secos: avelãs, castanhas do Brasil, amêndoas, cajus, nozes, pinhões, etc.

Sementes: sésamo, abóbora, girassol, linhaça.

Leguminosas: ervilhas, feijões, lentilhas, amendoins.

Grãos/cereais: trigo (no pão, na farinha, nas massas, etc.), cevada, centeio, aveia, painço, milho (milho doce), arroz.

Produtos de soja: tofu, tempeh, proteína vegetal texturizada, hambúrgueres vegetarianos, leite de soja.

Talvez tenhamos ouvido dizer que é necessário equilibrar os aminoácidos complementares numa dieta vegetariana. Isto não é tão alarmante como parece. Os aminoácidos são as unidades a partir das quais as proteínas são produzidas. Existem 20 diferentes no total. Podemos produzir muitos deles no nosso corpo através da conversão de outros aminoácidos, mas oito não podem ser produzidos, têm de ser fornecidos pela dieta e por isso são chamados aminoácidos essenciais.

Os alimentos vegetais isolados não contêm todos os aminoácidos essenciais de que necessitamos nas proporções corretas, mas quando misturamos alimentos vegetais, qualquer deficiência de um é anulada pelo excesso do outro. Estamos sempre a misturar alimentos proteicos, quer comamos carne ou sejamos vegetarianos. É uma parte normal da forma humana de comer. Alguns exemplos são feijões em tostas, muesli, ou arroz e ervilhas. A adição de produtos lácteos ou ovos também acrescenta os aminoácidos em falta, por exemplo, macarrão com queijo, quiche, papas de aveia (Thompson, etal. 1982).

Atualmente, sabe-se que o corpo tem uma reserva de aminoácidos que, se uma refeição for deficiente, pode ser compensada com as reservas do próprio corpo. Por este motivo, não precisamos de nos preocupar em complementar os aminoácidos a toda a hora, desde que a nossa dieta seja geralmente variada e equilibrada. Mesmo os alimentos que não são considerados ricos em proteínas estão a adicionar alguns aminoácidos a este conjunto.

As plantas são uma das principais fontes de proteínas, incluindo culturas de células microbianas, fúngicas e animais e animais transgénicos. Potencialmente, as plantas constituem uma fonte barata de proteínas recombinantes, tais como enzimas industriais, material técnico e produtos biofarmacêuticos. As proteínas têm uma importância tecnológica considerável, uma vez que afectam a estabilidade e a qualidade sensorial das plantas. O impulso dado à investigação sobre péptidos/proteínas bioactivos aumentou devido ao desenvolvimento da resistência dos agentes patogénicos aos compostos antimicrobianos e aos efeitos secundários associados à utilização prolongada de drogas sintéticas como antibióticos e compostos antifúngicos. Para além das vantagens económicas, existem benefícios qualitativos que favorecem a utilização de plantas transgénicas como fábricas para a produção de proteínas recombinantes, em particular para proteínas farmacêuticas (Gueguen e Barbot., 1988; Glew et al. 1997 & Souci, 2000).

Hidratos de carbono:

Os hidratos de carbono são a nossa principal e mais importante fonte de energia, e a maior parte deles é fornecida por alimentos vegetais. Existem três tipos principais: os açúcares simples, os hidratos de carbono complexos ou amidos e as fibras alimentares.

Os açúcares ou hidratos de carbono simples podem ser encontrados na fruta, no leite e no açúcar de mesa comum. As fontes de açúcar refinado devem ser evitadas, uma vez que fornecem energia sem qualquer fibra, vitaminas ou minerais associados e são também a principal causa de cáries dentárias.

Os hidratos de carbono complexos encontram-se nos cereais/grãos (pão, arroz, massa, aveia, cevada, painço, trigo sarraceno, centeio) e em alguns vegetais de raiz, como as batatas e as pastinacas. Uma dieta saudável deve conter muitos destes alimentos ricos em amido, uma vez que se sabe atualmente que uma ingestão elevada de hidratos de carbono complexos é benéfica para a saúde. Os hidratos de carbono não refinados, como o pão integral e o arroz integral, são os melhores de todos porque contêm fibras alimentares essenciais e vitaminas B.

A Organização Mundial de Saúde recomenda que 50-70% da energia seja proveniente de hidratos de carbono complexos. A quantidade exacta de hidratos de carbono que necessita depende do seu apetite e também do seu nível de atividade. Ao contrário do que se pensava, uma dieta de emagrecimento não deve ser pobre em hidratos de carbono. De facto, os alimentos ricos em amido são muito saciantes em relação ao número de calorias que contêm (Southgate, et el. 1969).

As células vegetais produzem hidratos de carbono através da fixação de dióxido de carbono durante a fotossíntese. No entanto, nas plantas superiores, nem todas as células são fotossinteticamente activas: as raízes, as estruturas reprodutivas, os órgãos em desenvolvimento e os tecidos de armazenamento dependem inteiramente da importação de hidratos de carbono sintetizados noutras partes da planta. As folhas maduras são os locais predominantes de fotossíntese numa planta superior: produzem um excedente de hidratos de carbono, que é exportado para outras partes da planta. O tecido exportador de hidratos de carbono é frequentemente designado por "tecido fonte" e o tecido importador por "tecido sumidouro".

Os hidratos de carbono são as biomoléculas potenciais derivadas da natureza. A sua diversidade molecular deu origem a uma variedade desconcertante de espécies, estruturas e caraterísticas, desempenhando todas elas um grande número de funções de grande importância. Biologicamente são vitais como transportadores de mensagens (imunológicos), fisiologicamente são úteis como reservas de energia (nutricionais) e tecnologicamente são necessários para alterar a textura e a consistência (funcionais) dos alimentos. Os recentes avanços na área da glicobiologia permitiram uma nova compreensão do papel dos açúcares na biologia e na medicina. Os p-(l-3)-glucanos não celulósicos ligados a pD, um grupo de polissacáridos encontrados como constituintes de fungos, algas e plantas superiores, exibem muitas propriedades interessantes, dependendo da sua conformação molecular. São excelentes "modificadores da resposta biológica" e apresentam actividades imunomoduladoras significativas. Provocam uma variedade de respostas biológicas de defesa do hospedeiro, por exemplo, uma potente atividade antitumoral. Por outro lado, os glucanos de ligação mista {(1-3/1-4)-ligados a p} são constituintes importantes das paredes celulares dos cereais, onde apresentam propriedades de importância fisiológica, como a capacidade de retenção de água, a porosidade e a plasticidade, que são úteis em diferentes fases do crescimento/desenvolvimento das plantas. Ultimamente, as terapêuticas à base de hidratos de carbono estão a tornar-se uma promessa contra muitas doenças crónicas de hoje e de amanhã. Algumas das caraterísticas, atributos estruturais, significado funcional e aplicações de algumas espécies de hidratos de carbono selecionadas são o tema desta revisão (Honnavally e Rudrapatnam, 2004; Kelsay,1981; Ramula et al. 1997; Roberfroid et al. 1993 & Singh et al. 1993).

Gorduras e óleos:

Demasiadas gorduras são más para nós, mas algumas são necessárias para manter os nossos tecidos em bom estado de conservação, para o fabrico de hormonas e para servir de suporte a algumas vitaminas. Tal como as proteínas, as gorduras são constituídas por unidades mais pequenas, denominadas ácidos gordos. Dois destes ácidos gordos, os ácidos linoleico e linolénico, são considerados essenciais, pois devem ser fornecidos pela alimentação. Isto não é problema, uma vez que se encontram amplamente nos alimentos vegetais.

As gorduras podem ser saturadas ou insaturadas (monoinsaturadas ou polinsaturadas). Uma ingestão elevada de gorduras saturadas pode levar a um aumento do nível de colesterol no sangue, o que tem sido associado a doenças cardíacas. As gorduras vegetais tendem a ser mais insaturadas e este é um dos benefícios de uma dieta vegetariana. As gorduras mono-insaturadas, como o azeite ou o óleo de amendoim, são mais adequadas para fritar, uma vez que as gorduras poli-insaturadas, como o óleo de girassol ou de cártamo, são instáveis a altas temperaturas. As gorduras animais (incluindo a manteiga e o queijo) tendem a ser mais saturadas do que as gorduras vegetais, com exceção do óleo de palma e do óleo de coco.

Os óleos vegetais refinados são utilizados numa grande variedade de géneros alimentícios e o tipo de óleo utilizado num determinado momento pode variar devido a factores como a disponibilidade. Atualmente, os óleos vegetais são rotulados genericamente quando utilizados desta forma ("Óleo vegetal"). No entanto, vários óleos comercialmente importantes são derivados de plantas que são reconhecidas como alergénios alimentares potentes (por exemplo, amendoim-Arachis *hypogea*, soja-Glycine *max*). Consequentemente, existe um debate vigoroso sobre a necessidade de rotular cada óleo individualmente com base no risco alergénico.

A alergia alimentar envolve quase exclusivamente o componente proteico dos alimentos. Estas proteínas são capazes de produzir reacções graves em alguns indivíduos alérgicos a elas, após a ingestão, em alguns casos, de quantidades mínimas do alergénio agressor. Os óleos alimentares são produzidos a partir de uma gama de espécies vegetais botanicamente diversa. Muitas das sementes utilizadas para produzir óleos vegetais contêm proteínas que são altamente alergénicas. A produção envolve a prensagem da semente oleaginosa, seguida de uma série de processos para refinar o óleo até ao grau desejado. Embora a refinação total dos óleos resulte na remoção quase completa das proteínas, não foram estabelecidos limiares de reatividade, mesmo para os alergénios que foram bem estudados. Nestas circunstâncias, é plausível que, por vezes, permaneça num óleo proteína suficiente para provocar uma reação num indivíduo altamente sensível. Como resultado, foram lançadas dúvidas sobre a segurança dos óleos derivados destas fontes para indivíduos alérgicos, particularmente à luz de casos bem documentados de reacções após a ingestão de alguns óleos (Bush et al., 1985& Amrein et al. 2003).

Óleos de sementes prensados a frio

Para além do azeite, uma fonte rica de antioxidantes naturais, alguns óleos de sementes prensados a frio tornaram-se recentemente disponíveis no mercado. As sementes utilizadas são subprodutos agrícolas e algumas delas são boas fontes de tocoferóis e carotenóides biologicamente importantes. Os óleos prensados a frio de bagas de Marion, boysenberry, framboesa, mirtilo, cominho preto, groselha preta, cenoura, arando e sementes de cânhamo contêm antioxidantes e possuem uma notável atividade de eliminação de radicais e capacidade de absorção de radicais de oxigénio, quando testados com os ensaios de eliminação de radicais DPPH (1,1- difenil-2-picril-hidrazil) e do catião ABTS {2,2'-azino-bis (ácido 3- etilbenzo-tiazolina-6-sulfónico) sal de amónio} ou com o ensaio de capacidade de absorção de radicais de oxigénio (ORAC). A natureza dos antioxidantes ainda não é conhecida, mas devido ao modo de preparação, estes óleos retêm fenóis presentes na semente e podem ter potencial para aplicações na promoção da saúde e prevenção contra danos de oxidação mediados por radicais (Yu e Parry, 2005; Al-Khaliffa, 1996; Galli, et al. 1994 & Senter et al. 1994).

Ácidos gordos:

Os ácidos linoleicos conjugados (CLA) são um grupo de isómeros posicionais e geométricos do ácido linoleico (LA) com um sistema de ligações duplas conjugadas. As principais fontes naturais de ALC são os tecidos adiposos dos ruminantes (carne e produtos lácteos). O isómero cis9,-*transi* 1 *(c9,* til) é o isómero natural mais abundante (cerca de 75-90% do total de ALC), também designado por ácido ruménico (Gnadig, 2003). Estudos *(in vivo* e *in* vitro) revelaram actividades biológicas do ALC, incluindo propriedades antioxidantes, anticarcinogénicas, antiateroscleróticas, antidiabetogénicas e antiobesidade, juntamente com efeitos de reforço imunitário (Flint off-Dye e Omaye, 2005; Wang e Jones, 2004).

São utilizados diferentes métodos, como a desidratação do ácido ricinoleico (Yang, 2002), a fotoprodução de ALC (Gangidi e Proctor, 2004), a síntese alcalina de AL ou de óleos ricos em AL (Berdeaux, 1998), para sintetizar ALC. A isomerização alcalina do AL é normalmente utilizada para a produção comercial de ALC contendo dois isómeros, c9,til (43-45%) e tlO,cl2 (43-45%), acompanhados por pequenas quantidades de outros isómeros de ALC (Wang, 2004), no entanto, uma vez que a atividade biológica do produto se deve à presença de ambos os isómeros, seria necessário um passo de purificação. A cristalização por inclusão de ureia tem sido geralmente utilizada para concentrar ácidos gordos poli-insaturados (PUFA) úteis, bem como ALC em óleos alimentares (Hayes, 2006).

Embora o ALC tenha vários efeitos benéficos, o seu consumo diminuiu devido à substituição do leite e das gorduras animais por óleos vegetais. A acidólise catalisada por enzimas é uma abordagem para aumentar o teor de ALC em lípidos estruturados (SL). Garcia et al.1998 e Garcia et al. 2000 relataram várias investigações de interesterificação enzimática de ALC com gorduras e óleos e prepararam ALC a partir de manteiga e óleos de peixe com ALC por acidólise enzimática. Ortega *et al.* 2004 utilizou uma lipase, incorporando o ALC em óleo de soja totalmente hidrogenado. Lee *et al.* 2003 e Lee *et al.* 2994 relataram a interesterificação do ALC com óleos de soja, girassol e cártamo. A alteração da composição dos triacilgliceróis no óleo de soja (incorporação de ALC) provoca diferentes alterações nas caraterísticas físicas e químicas do óleo de soja em comparação com o lípido inicial, o que possivelmente melhora as propriedades funcionais do óleo.

Vitaminas

Vitamina é o nome de vários nutrientes não relacionados entre si que o corpo não consegue sintetizar de todo ou em quantidades suficientes. A única coisa que têm em comum é o facto de apenas serem necessárias pequenas quantidades na dieta. As principais fontes vegetarianas estão listadas abaixo:

Vitamina A: (ou beta-caroteno): Vegetais vermelhos, cor de laranja ou amarelos, como as cenouras e os tomates, vegetais de folha verde e frutos como os alperces e os pêssegos. É adicionado à maioria das margarinas.

Vitaminas B: Este grupo de vitaminas inclui Bl (tiamina), B2 (riboflavina), B3 (niacina), B6 (piridoxina), B12 (cianocobalmina), folato, ácido pantoténico e biotina.

Todas as vitaminas B, exceto a B12, encontram-se nas leveduras e nos cereais integrais (especialmente no gérmen de trigo), nos frutos secos e nas sementes, nas leguminosas e nos legumes verdes (Saif, 2003 & Srinivasan et al. 1967).

A vitamina B12 é a única que pode causar alguma dificuldade, uma vez que não está presente nos alimentos vegetais. Apenas são necessárias quantidades muito pequenas de B12 e os vegetarianos obtêm-na normalmente através de produtos lácteos e ovos de galinhas criadas ao ar livre. É sensato que os vegans e os vegetarianos que consomem poucos alimentos de origem animal incorporem alguns alimentos fortificados com B12 na sua dieta. A vitamina B12 é adicionada a extractos de levedura, leites de soja, hambúrgueres vegetarianos e alguns cereais de pequeno-almoço. **Vitamina C**: Fruta fresca, saladas de legumes, todos os vegetais de folha verde e batatas.

Vitamina D: Esta vitamina não se encontra nos alimentos vegetais, mas os seres humanos podem produzi-la quando a pele é exposta à luz solar. É também adicionada à maioria das margarinas e está presente no leite, no queijo e na manteiga. Estas fontes são geralmente adequadas para adultos saudáveis. Os muito jovens, os muito idosos e todas as pessoas confinadas em casa devem tomar um suplemento de vitamina D, especialmente se consumirem poucos produtos lácteos.

Produção de vitamina D_3 e metabolitos derivados em culturas de plantas. Implicações biotecnológicas É importante o desenvolvimento de condições para a cultura de plantas que produzam vitamina D_3 e os seus metabolitos. O tecido vegetal (calo) ou as células cultivadas in vitro podem representar uma alternativa biotecnológica conveniente aos procedimentos sintéticos dispendiosos concebidos para cobrir a aplicação médica generalizada de 1a, $25(OH)_2$ d3 e análogos. Além disso, os sistemas de cultura podem ser um modelo útil para a investigação do metabolismo da vitamina D_3 nas plantas (por exemplo, quando se utilizam metabolitos precursores radioactivos), uma abordagem difícil de aplicar *in vivo* (Boland, 1986).

A vitamina D_3 e os seus derivados metabólicos foram detectados em plantas utilizando bioensaios in vivo e in vitro ou aplicando métodos analíticos. No primeiro caso, os extractos de plantas são administrados a pequenos animais de laboratório (coelhos, ratos, pintainhos) e são determinados parâmetros biológicos específicos relacionados com alterações no metabolismo fosfocálcico causadas pelo seu teor de metabolitos de vitamina D (por exemplo, elevações nos níveis de cálcio e fósforo no sangue e calcificação de tecidos moles (Boland, 1986).

Vitamina E: Óleo vegetal, cereais integrais, ovos.

Vitamina K: Legumes frescos, cereais e síntese bacteriana no intestino.

Minerais

Os minerais desempenham uma série de funções no organismo. De seguida, são apresentados pormenores sobre alguns dos minerais mais importantes:

Cálcio: Importante para ossos e dentes saudáveis. Encontra-se nos produtos lácteos, vegetais de folha verde, pão, água da torneira em zonas de água dura, frutos secos e sementes (especialmente sementes de sésamo), frutos secos, queijo. A vitamina D ajuda o cálcio a ser absorvido.

Ferro: Necessário para os glóbulos vermelhos. Encontra-se em vegetais de folha verde, pão integral, melaço, ovos, frutos secos (especialmente alperces e figos), lentilhas e leguminosas. As fontes vegetais de ferro não são tão facilmente absorvidas como as fontes animais, mas uma boa ingestão de vitamina C aumentará a absorção (Blacketal. 1999).

Zinco: desempenha um papel importante em muitas reacções enzimáticas e no sistema imunitário. Encontra-se nos legumes verdes, no queijo, nas sementes de sésamo e de abóbora, nas lentilhas e nos cereais integrais.

Iodo: Presente nos legumes, mas a quantidade depende do grau de riqueza do solo em iodo. Os produtos lácteos também têm bastante iodo. Os legumes do mar são uma boa fonte de iodo para os veganos (Abdullah, 1984; Helman e Damton-Hill, 1987; Smith, et al. 1996 & Smith, 1988).

Os flavonóis fitoquímicos, os carotenóides e as propriedades antioxidantes da fruta, dos vegetais e dos constituintes fitoquímicos e antioxidantes do material vegetal têm suscitado o interesse de cientistas, fabricantes de alimentos, produtores e consumidores pelo seu papel na manutenção da saúde humana (Milner,1999 & Harborne et al. 1988). Numerosos estudos epidemiológicos sugerem que as dietas ricas em fitoquímicos e antioxidantes desempenham um papel protetor na saúde e na doença. O consumo frequente de frutas e legumes está associado a um menor risco de cancro, doenças cardíacas, hipertensão e acidente vascular cerebral (Marco et al. 1997; Vinson et al., 2001 e Wolfe e Liu, 2003). Os fitoquímicos são substâncias bioactivas das plantas que têm sido associadas à proteção da saúde humana contra doenças crónicas degenerativas. Os antioxidantes são compostos que ajudam a retardar e inibir a oxidação lipídica e, quando adicionados aos alimentos, tendem a minimizar o ranço, retardam a formação de produtos tóxicos da oxidação, ajudam a manter a qualidade nutricional e aumentam a sua vida útil (Fukumoto e Mazza, 2000).

Os principais grupos de fitoquímicos que podem contribuir para a capacidade antioxidante total (TAC) dos alimentos vegetais incluem os polifenóis, os carotenóides e as vitaminas antioxidantes tradicionais, como a vitamina C e a vitamina E. As vitaminas não são, no entanto, os únicos fitoquímicos que podem ter um efeito positivo na saúde dos consumidores. Existem outros fitoquímicos presentes nos alimentos vegetais que podem ter efeitos positivos na saúde dos consumidores e que necessitam de uma investigação mais aprofundada. Estes fitoquímicos podem estar presentes em pequenas quantidades, mas podem ser muito importantes para a saúde dos consumidores.

As frutas e os vegetais contêm uma série de antioxidantes com diferentes graus de atividade, sendo por isso bastante difíceis de analisar. O ensaio TAC é uma forma conveniente de avaliar o nível total de antioxidantes nos alimentos e foi utilizado neste estudo para determinar a quantidade de atividade antioxidante colectiva num determinado alimento. Existem vários métodos disponíveis para a avaliação da capacidade antioxidante total (Benzie e Szeto, 1999; Cao et al. 1996; Pulido et al. 2000 e Wang et al.1996). Tendo em conta os recursos disponíveis, o método de descoloração do radical ABTS (2, 2'-azinobis (3-etil-benzotiazolina-6-sulfonato)) foi escolhido como o método mais adequado. Os teores de polifenóis totais (TPP) e de antocianinas totais (TAT) são também bons indicadores da capacidade antioxidante e os estudos efectuados indicam uma correlação elevada entre a capacidade antioxidante e os polifenóis totais (Pellegrini et al. 2000). Vários flavonóis, como a quercetina, o kaempferol e a miricetina, e carotenóides (luteína, licopeno, a- e p-caroteno) são antioxidantes potentes e foram também selecionados como alvos para este estudo.

Embora a maioria dos países do Pacífico Sul ainda sejam considerados nações em desenvolvimento, a prevalência de doenças crónicas degenerativas é semelhante ou superior à taxa do mundo desenvolvido (Wahlqvist, 2001 e Worsely, 2001). Dada a importância dos hábitos alimentares e dos componentes alimentares para a saúde, o fornecimento de informações fitoquímicas e antioxidantes de uma gama de alimentos facilmente disponíveis nas ilhas do Pacífico Sul é vital para apoiar o trabalho futuro de avaliação do estado de proteção das pessoas contra doenças crónicas degenerativas. Qualquer abordagem utilizada tem de ser eficaz e culturalmente adequada à comunidade. As abordagens baseadas na alimentação seriam essenciais para soluções sustentáveis de combate à alarmante prevalência do cancro crónico, das doenças coronárias e da diabetes (Torel, et al. 1986; Halliwell, 1977; Friedman, 2003; Friedman et al. 2003 & Van et al. 2000).

O objetivo deste estudo foi determinar o TAC, TPP, TAT, flavonóis e carotenóides selecionados presentes nos alimentos disponíveis nas Fiji. Estes dados serão utilizados para estimar a ingestão de fitoquímicos e antioxidantes da população das Fiji e em futuros ensaios clínicos. A determinação de antocianinas individuais estava fora do âmbito deste trabalho. As antocianinas contribuem para a atividade antioxidante global dos alimentos, no entanto, trabalhos recentes (Manach e Mazur, 2005) sugerem que a biodisponibilidade das antocianinas é bastante baixa, pelo que é necessário consumir maiores quantidades de alimentos para obter o máximo benefício.

Os "novos" benefícios destes alimentos para a saúde podem levar à investigação sobre a avaliação e determinação de potenciais fontes ricas em compostos antioxidantes em produtos agrícolas que poderiam melhorar o desenvolvimento de cultivares, práticas de produção, armazenamento pós-colheita e processamento de alimentos (Friedman, 1998; George et al. 2001 & Plessi et al. 1999).

Análise do teor de nutrientes e antinutrientes de vegetais de folha verde subutilizados

A procura de culturas menos conhecidas, muitas das quais são potencialmente valiosas como alimento humano e animal, foi identificada para manter um equilíbrio entre o crescimento da população e a produtividade agrícola, particularmente nas zonas tropicais e subtropicais do mundo. Nestas regiões, os produtos hortícolas autóctones são abundantes imediatamente após a estação das chuvas e muito escassos durante a estação seca. A Índia, sendo abençoada com uma variedade de ambientes naturais e climas e estações variáveis, possui uma série de produtos hortícolas de folha verde comestíveis, alguns dos quais são cultivados e utilizados localmente. Os VFG são fontes ricas de vitaminas como o *fi-caroteno*, o ácido ascórbico, a riboflavina e o ácido fólico, bem como de minerais como o ferro, o cálcio e o fósforo. Os GLV são também reconhecidos pela sua cor caraterística, sabor e valor terapêutico. Alguns dos legumes de folha habitualmente consumidos são o amaranto, os espinafres, o feno-grego, os coentros, etc., cujo valor nutritivo foi indicado nas tabelas de composição dos alimentos (Gopalan et al. 1996). Para além destes, há vários tipos de vegetais de folha subutilizados, que estão disponíveis sazonalmente, e praticamente não há informação disponível sobre o conteúdo nutritivo e os factores antinutricionais desses vegetais. O consumo destes materiais alimentares está confinado às pessoas que vivem nas áreas onde crescem. Reconhecendo a necessidade de identificar esses GLV, que se acredita serem nutritivos, pode ajudar a alcançar a segurança nutricional (micronutrientes) analisou o conteúdo de nutrientes de alguns dos GLV cultivados no norte da Índia e descobriu que eles são fontes ricas de macro e micronutrientes. Bhaskarachary et al. (1995) referiram que algumas das VLG menos conhecidas são fontes ricas de *fi-caroteno*. A análise da composição proximal dos legumes de folha não convencionais encontrados na floresta e nas zonas húmidas da região de Konkan, em Maharashtra, na Índia, revelou que alguns dos legumes continham quantidades comparativamente mais elevadas de proteínas brutas. Em geral, continham menos oxalatos do que os legumes cultivados (Shingade et al. 1995 & Toma et al. 2003). No entanto, foram encontrados factores antinutricionais, nomeadamente oxalatos, taninos, fibra alimentar e saponinas nas VLG subutilizadas. Foi observada uma variação significativa nos factores antinutricionais entre os legumes, tendo sido relatado que o teor de ácido fítico das VLG consumidas por uma determinada secção da população na Nigéria se situava entre 12,5 e 18,75 mg/100g.

Tendo em conta a prevalência de um elevado nível de malnutrição por micronutrientes entre os grupos vulneráveis nos países em desenvolvimento e a crescente prevalência de doenças crónicas degenerativas a nível global, a necessidade de explorar os alimentos subutilizados é significativa para ultrapassar os distúrbios nutricionais. A abordagem baseada na dieta e nos alimentos para combater a malnutrição por micronutrientes é essencial pelo seu papel no aumento da disponibilidade e do consumo de alimentos ricos em micronutrientes (FAO, 1997). Aumentar a utilização de GLV na nossa dieta, conhecidos por serem fontes ricas de micronutrientes, bem como de fibras alimentares, pode ser uma abordagem baseada nos alimentos para garantir a ingestão destes nutrientes. É essencial que os VLG disponíveis localmente, que são baratos e fáceis de cozinhar, sejam utilizados nos regimes alimentares para erradicar a desnutrição por micronutrientes e também para prevenir as doenças degenerativas (Van, 1997 & Villamor et al. 2005)

Por conseguinte, a presente investigação foi realizada com o objetivo de explorar a GLV menos conhecida e subutilizada cultivada no distrito de Mysore e nos seus arredores, no estado de Karnataka, no sul da Índia (cuja composição nutricional não foi referida na literatura) e de analisar a composição química da mesma.

Fontes de antioxidantes fenólicos naturais

Os antioxidantes alimentares incluem o ascorbato, os tocoferóis, os carotenóides e os fenóis vegetais bioactivos. Os benefícios para a saúde dos frutos e produtos hortícolas devem-se, em grande parte, às vitaminas antioxidantes apoiadas por um grande número de fitoquímicos, alguns com maiores propriedades antioxidantes. As fontes de tocoferóis, carotenóides e ácido ascórbico são bem conhecidas e existe um excesso de publicações relacionadas com o seu papel na saúde. Os fenóis vegetais ainda não foram completamente estudados devido à complexidade da sua natureza química e à sua extensa ocorrência em materiais vegetais.

a presença de fenóis antioxidantes em fontes vegetais não foi extensivamente estudada e avaliada, tais como produtos tradicionais, subprodutos agrícolas, chás de ervas, óleos vegetais prensados a frio e outras matérias-primas menos conhecidas que têm importância nutricional e/ou potencial para aplicações na promoção da saúde e na prevenção de danos causados por radicais. Este objetivo está de acordo com as necessidades actuais de melhorar os subprodutos, avaliar melhor os produtos tradicionais e desenvolver bases de dados de composição para melhorar a precisão dos dados de consumo de antioxidantes, tendo em consideração os limitados dados de composição existentes e as diferentes preferências culturais das populações (Williamson, 2005 & Breinholt, 1999).

Investigação relacionada com fenóis de plantas

Amplamente distribuídos no reino vegetal e abundantes na nossa alimentação, os fenóis vegetais encontram-se atualmente entre as classes de fitoquímicos mais faladas. Na última década, foram apresentados muitos trabalhos pela comunidade científica, que se centram em:

1- Os níveis e a estrutura química dos fenóis antioxidantes em diferentes alimentos vegetais, plantas aromáticas e vários materiais vegetais.

2- O papel provável dos fenóis vegetais na prevenção de várias doenças associadas ao stress oxidativo, como as doenças cardiovasculares e neurodegenerativas e o cancro.

3- A capacidade dos fenóis vegetais para modular a atividade das enzimas, uma ação biológica ainda não compreendida.2

4- A capacidade de certas classes de fenóis vegetais, como os flavonóides (também designados polifenóis), se ligarem às proteínas. A ligação flavonol-proteína, como a ligação a receptores e transportadores celulares, envolve mecanismos de polifenóis que não estão apenas relacionados com a sua atividade direta como antioxidantes.

5- A estabilização de óleos alimentares, a proteção contra a formação de sabores estranhos e a estabilização de aromas.

6- A preparação de suplementos alimentares (Koleva et al. 2003).

CAPÍTULO II
REVISÃO DA LITERATURA

A revisão da literatura revelou que as plantas silvestres comestíveis selecionadas não foram estudadas até agora do ponto de vista bionutricional. Por conseguinte, foi realizada uma análise química detalhada dos alimentos vegetais de plantas silvestres comestíveis selecionadas da Índia e do Irão para investigar os valores nutricionais.

O nosso método abrange um âmbito considerável da literatura e realça a variabilidade que pode ocorrer na quantidade e qualidade da informação disponível. As pesquisas menos minuciosas podem, como foi o caso das folhas *de Moringa oleifera*, ter sérias implicações operacionais e de investigação, principalmente na sobrestimação da ingestão ou na exclusão de espécies úteis para a prevenção da malnutrição por micronutrientes. A grande variação na base de expressão torna a utilização de algumas informações particularmente difícil se um profissional não for especializado na compilação de informações sobre a composição dos alimentos. Em alguns casos, os dados nutricionais publicados são imprecisos e sem valor para o trabalho relacionado com a nutrição humana. Isto poderia ser evitado se as revistas envolvidas na publicação de valores nutricionais relacionados com a nutrição humana adoptassem convenções facilmente compreendidas pelo utilizador final (Salih *et al.* 1991). A diversidade de disciplinas científicas envolvidas na investigação de plantas alimentares silvestres é sempre encorajadora, no entanto, a falta de colaboração e padronização na metodologia não é publicada. A investigação sobre o valor nutricional das plantas alimentícias silvestres requer a apresentação correta da informação botânica, da análise química e dos dados nutricionais, caso contrário os resultados não podem ser interpretados na sua totalidade. Isto só pode ser conseguido através de uma colaboração bem organizada e direcionada entre todas as disciplinas envolvidas. O investimento necessário para a investigação exaustiva de uma determinada planta alimentar é plenamente justificado. Se as plantas alimentares silvestres devem ser utilizadas para a diversificação da dieta em tempos de fome e insegurança alimentar, os investigadores devem dispor de dados empíricos sólidos para a sua investigação. A recolha e avaliação da informação disponível é o primeiro passo neste processo. Uma vez efectuada, os investigadores podem utilizar a informação já recolhida ou decidir efetuar a sua própria análise da espécie em questão (Onyechi et al. 1988).

Compostos promotores de saúde em legumes e frutas:

A otimização da composição dos alimentos derivados de plantas seria um método muito rentável para a prevenção de doenças, uma vez que as melhorias na saúde induzidas pela dieta não implicariam quaisquer custos adicionais para o sector da saúde.

Muitos estudos epidemiológicos mostram correlações negativas entre a ingestão de legumes e frutas e a incidência de várias doenças importantes, incluindo o cancro e a aterosclerose (Trichopoulou et al. 2003). Sabe-se que os legumes e as frutas contêm componentes com vários tipos de acções promotoras da saúde (como vitaminas, minerais essenciais, antioxidantes e pré-bióticos (fibras)) e a maioria destes componentes foi avaliada em estudos de intervenção. Em geral, os benefícios da suplementação para a saúde foram comprovados apenas para grupos que tinham uma ingestão particularmente baixa destes compostos, por exemplo, devido à desnutrição, enquanto as suplementações em níveis elevados geralmente proporcionaram apenas pequenas melhorias adicionais e, nalguns casos, até mostraram efeitos adversos, como é o caso do *fi-caroteno*. No entanto, os dados dos estudos epidemiológicos mostram uma linearidade suficiente em toda a gama para permitir calcular os benefícios de aumentos substanciais da ingestão de frutas e legumes para 400 g por dia (Van et al. 2000) ou mesmo mais (Gundgaard *et al.* 2003). Estes valores devem ser comparados com os níveis mais baixos (cerca de 200 g por dia) necessários para evitar carências dos compostos benéficos conhecidos na ausência de suplementos ou de outras fontes alimentares (Ali & Tsou, 2002). Estes níveis são inferiores à ingestão média nos países europeus. Além disso, sabe-se ou suspeita-se que alguns compostos são benéficos para a saúde através de outros mecanismos menos conhecidos, como a proteção contra as doenças cardiovasculares pelos sulfóxidos e/ou flavonóides dos Alliums (Griffiths et al. 2002) ou os efeitos anticancerígenos dos glucosinolatos e seus derivados (Lund, 2003) das Brassicas . No entanto, as correlações epidemiológicas não se limitam a estes dois tipos de produtos hortícolas.

Embora seja consensual que a maioria das pessoas deveria comer mais vegetais e fruta, em vez de comprimidos que fornecem quantidades adequadas dos nutrientes relevantes, não se sabe porque é que isto é de facto melhor, nem como aconselhar as pessoas que não podem ou não querem comer a seleção completa em grandes quantidades. Enquanto os compostos que fazem a maior diferença para a saúde não forem identificados, o conhecimento do destino dos constituintes das plantas durante a cozedura e o armazenamento não pode ser utilizado para concluir até que ponto os alimentos vegetais crus são melhores ou piores do que os cozinhados ou se um método de armazenamento aumenta ou diminui o valor para a saúde. Do mesmo modo, os conhecimentos sobre a biodiversidade e a composição das plantas não nos dizem até que ponto determinadas espécies, cultivares ou condições de cultivo são importantes para este valor. Assim, enquanto são fornecidas recomendações dietéticas muito específicas e úteis na prática para grupos de pessoas em risco de subnutrição (Daimon et al. 2002), o conselho para as populações abastadas é utilizar uma variedade de espécies e métodos de preparação para os legumes e frutas (Trichopoulou et al. 2003). Atualmente, a principal base para esta recomendação é a nossa ignorância, a diversidade maximiza a hipótese aleatória de obter quantidades suficientes dos compostos cruciais, em grande parte desconhecidos, desde que não saibamos quais os alimentos que constituem as melhores fontes (Trichopoulou et al. 2003). Quando tivermos identificado estes compostos e fontes, provavelmente continuaremos a recomendar a diversidade, mas então os conselhos serão baseados no conhecimento e será possível ajustar e otimizar as recomendações para pessoas com necessidades ou preferências especiais.

Especificamente, a informação atual mostra que os compostos com propriedades benéficas já investigadas, por exemplo, os antioxidantes, têm benefícios e propriedades adicionais ou desconhecidos, ou que os alimentos de origem vegetal contêm simplesmente outros compostos promotores de saúde com efeitos desconhecidos, que até agora têm sido ignorados. Muitos estudos, incluindo vários projectos da UE, tais como QLK1-CT-2001-01080, QLK1-CT-1999-00830, QLK1-CT-1999-00505, QLK1-CT-1999-00498, QLK1-CT-1999-00124, BMH4960726 e COST 916, visam investigar novas propriedades e/ou interações de compostos conhecidos. Em contrapartida, são poucos os estudos que se centram na identificação de novos tipos de compostos promotores de saúde provenientes de legumes e frutos. O projeto multidisciplinar "Health promoting compounds from vegetables" descrito no presente documento foi concebido para iniciar uma abordagem sistemática de rastreio de novos compostos de plantas comestíveis que possam ter efeitos importantes na saúde.

Alocacia indica
É uma erva robusta. As raízes são sub erectas, com 1-8 pés de comprimento, 1-6 in. de espessura com poucos soboli. As folhas são grandes, ovadas, profundamente sagitadas e cordadas, com os lóbulos arredondados e o seio estreito. A espata tem um comprimento de 8-12 in. e é verde-amarelada pálida e tem flores unissexuais. A flor feminina situa-se abaixo do eixo e as flores masculinas situam-se no eixo.

Utilizações

Nas zonas tribais da Índia, especialmente em Konkan, as fatias de caule são fritas e consumidas durante o jejum. O caule é muito rico em amido e também contém ráfides.

Espargos (Asparagus officinalis):
É uma planta perene que cresce até 1,5 m por 0,75 m. É resistente às zonas e não sofre de geadas. Floresce em agosto e as sementes amadurecem de setembro a outubro. As flores são dióicas (as flores individuais são masculinas ou femininas, mas apenas um sexo pode ser encontrado numa planta, pelo que devem ser cultivadas plantas masculinas e femininas se for necessária semente) e são polinizadas por abelhas. A planta não é auto-fértil.

A planta prefere solos ligeiros (arenosos), médios (argilosos) e pesados (argilosos) e requer um solo bem drenado. A planta prefere solos ácidos, neutros e básicos (alcalinos) e pode crescer em Asparagus é uma erva perene dióica com folhas semelhantes a escamas e um caule ereto e muito ramificado que atinge uma altura de até 3 metros. Os espargos são originários da Europa e da Ásia e são amplamente cultivados. A parte utilizada como legume é constituída pelos caules aéreos, ou lanças, que nascem dos rizomas. As raízes carnudas e, em menor grau, as sementes têm sido utilizadas para fins

medicinais.
História
Os espargos são muito utilizados como vegetais e são frequentemente escaldados antes de serem utilizados. Os extractos das sementes e das raízes têm sido utilizados em bebidas alcoólicas, com níveis máximos de 16 ppm, em média. As sementes têm sido utilizadas em substitutos do café, preparações diuréticas, laxantes, remédios para neurite e reumatismo, para aliviar dores de dentes, para estimular o crescimento do cabelo e como tratamento do cancro. A medicina chinesa utilizou-as para tratar doenças parasitárias. Diz-se que os extractos serviam como contraceptivos. Os remédios caseiros utilizaram a aplicação tópica de preparações contendo os rebentos e os extractos para limpar o rosto e secar lesões acneiformes.

solos muito ácidos, muito alcalinos e salinos. Pode crescer à meia-sombra (bosque ligeiro) ou sem sombra. Requer um solo húmido. A planta tolera a exposição marítima.
Utilizações
Os espargos são cultivados há mais de 2.000 anos como legume e erva medicinal. Tanto as raízes como os rebentos podem ser utilizados para fins medicinais; têm um efeito restaurador e de limpeza nos intestinos, rins e fígado.

Os rebentos jovens são consumidos crus ou cozinhados. É considerado como um alimento gourmet. Os rebentos são colhidos na primavera. É preferido cru em saladas, com um toque de cebola no seu sabor. Normalmente, são cozidos ou cozidos a vapor e utilizados como legumes. As plantas macho produzem os melhores rebentos. Não se deve colher em excesso porque isso enfraqueceria a planta no ano seguinte. Os rebentos são uma boa fonte de proteínas e de fibras alimentares. As sementes torradas são substitutas do café. A planta é antiespasmódica, aperiente, cardíaca, demulcente, diaforética, diurética, sedativa e tónica. O   sumo fresco é   utilizado.

A raiz é diaforética, fortemente diurética e laxante. Uma infusão é utilizada no tratamento da iterícia e do torpor congestivo do fígado. A ação fortemente diurética das raízes torna-a útil no tratamento de uma variedade de problemas urinários, incluindo a cistite. É também utilizada no tratamento do cancro. Diz-se que as raízes são capazes de baixar a tensão arterial.

As raízes são colhidas no final da primavera, depois de os rebentos terem sido cortados como cultura alimentar, e são secas para utilização posterior.
Composição
Em gramas por 100g de peso de alimento: É constituído por Água: 91,7; Calorias: 26; Proteínas: 2,5; Gordura: 0,2; Hidratos de carbono: 5; Fibra: 0,7 e Cinzas: 0,6.

Em miligramas por 100g de peso de alimento: Cálcio: É composto por 22 Fósforo: 62; Ferro: 1; Sódio: 2; Potássio: 278; Vitaminas: 540;

Tiamina: 0,18; Riboflavina: 0,2; Niacina: 1,5 e Vitamina: 33

As raízes dos espargos contêm inulina e pelo menos oito fruto-oligossacáridos. Dois princípios amargos glicosídicos, as officinalisinas I e II, foram isolados de raízes secas com rendimentos de 0,12% e 0,075%, respetivamente. Outros componentes da raiz são o beta-sitosterol, os glicosídeos esteróides (asparagósidos A a I, por ordem crescente de polaridade) e o ácido asparagúsico. Os rebentos contêm vários ácidos sulfurados (asparagusic, dihidroasparagusic e S-acetildihidroasparagusic); alfa-amino-dimetil-gama-butirotetina, um princípio glicosídico amargo diferente do das raízes; flavonóides (rutina, quercetina e kaempferol); bem como asparagina, arginina, tirosina, sarsasapogenina, beta-sitosterol, ácido succínico e açúcares. O ácido asparagúsico e os seus derivados são inibidores do crescimento das plantas; são também nematocidas (conferem resistência a vários nemátodos parasitas importantes das plantas).

As sementes de espargos contêm grandes quantidades de polissacáridos solúveis em hidróxido de sódio, constituídos por cadeias lineares de beta-glicose e betamanose numa proporção de 1:1, 1 a 4 ligadas à alfa-galactose como terminal. As sementes contêm também3 ▢proteínas inactivadoras de ribossomas, em concentrações de 8 a 400 mg/100 g de material de partida. Estas proteínas, com pesos moleculares de aproximadamente 30.000, têm pontos isoeléctricos alcalinos e inibem a síntese de proteínas pelo lisado de reticulócitos de coelho. Os talos de espargos contêm folato e as conjugases de folato asparagusato desidrogenase I e II, bem como a lipoil desidrogenase. Os talos de espargos podem também conter resíduos de permetrina, um inseticida frequentemente aplicado para proteger os espargos durante o crescimento. Estes resíduos atingem o seu pico cerca de 3 dias após o tratamento inseticida, diminuindo depois cerca de 85% até ao sétimo dia. Outros herbicidas aplicados durante o crescimento dos espargos foram detectados em plantas comerciais.

Os espargos estão repletos de nutrientes e são baixos em calorias, sódio e colesterol. É uma excelente fonte de ácido fólico e é uma fonte de vitamina C, tiamina e vitamina B6. Os espargos não contêm gordura ou colesterol de importância alimentar. É uma fonte importante de potássio e de muitos micronutrientes. De acordo com o Instituto Nacional do Cancro, os espargos são o alimento que mais contém glutatião, um dos mais potentes combatentes do cancro [também citado como "o mais potente anti-cancerígeno e antioxidante"]. Além disso, os espargos são ricos em rutina, que fortalece os vasos sanguíneos.

Chlorophytum comosum:
A Chlorophytum *comosum*, vulgarmente conhecida como Safed Moosli, pertence à família Liliaceae. As raízes desta planta farmacologicamente importante contêm vários esteróides e saponinas. As raízes secas são utilizadas como tónico em formulações ayurvédicas e exportadas da Índia em quantidades substanciais. A propagação convencional desta planta através da divisão do stock ou das sementes é lenta e não gera o número necessário de propágulos. A propagação em grande escala através de métodos convencionais não só coloca dificuldades em termos de dormência e viabilidade das sementes, como também não permite a disponibilidade de clones de elite. Sendo uma cultura de tubérculos, torna-se imperativo introduzir variedades de alto rendimento propagadas clonalmente para os produtores comerciais. Este relatório descreve um protocolo para a propagação rápida in vitro de clones selecionados desta valiosa planta medicinal.

Os seus tubérculos são utilizados em medicamentos ayurvédicos; contém cerca de 27 alcalóides, saponina esteroide (2-17%), polissacáridos (40-45%), hidratos de carbono, proteínas (7-10%), minerais, vitaminas, etc. O musli branco ou Dhauli Musli é utilizado para a preparação de um tónico para a saúde utilizado em geral e para a fraqueza sexual. Contém propriedades espermametogénicas, a decocção de musli safed para curar a impotência, uma vez que é rica em glicosídeos (Mimaki et al.1996).

Composição e utilizações
Para aplicação terapêutica em medicina ayurvédica, unani e alopática.
Cura muitas doenças físicas e fraquezas.
Tem propriedades espermatogénicas e é útil para curar a impotência, uma vez que é rico em glicosídeos.
Cura da diabetes e da artrite.
Para aumentar a imunidade geral do organismo.
Pó de raiz frito no GHEE, mastigado em caso de aftas da boca e da garganta.
Curativo de problemas natais e pós-natais.
Acima de tudo, este SAFED MUSLI (SAFED MOOSLI) é considerado muito eficaz no aumento da potência masculina.
É considerado como uma alternativa ao Viagra.
Os compostos fenólicos são metabolitos secundários derivados das vias das pentoses fosfato, do chiquimato e dos fenilpropanóides nas plantas. Os compostos fenólicos exibem uma vasta gama de propriedades fisiológicas, tais como efeitos antialérgicos, antitérmicos, anti-inflamatórios, antimicrobianos, antioxidantes, antitrombóticos, cardioprotectores e vasodilatadores (Benavente-Garcia, 1997; Manach e Mazur, 2005; Middleton, 2000; Puupponen-Pimia, 2001 & Samman, 1998).
Os compostos fenólicos têm sido associados aos benefícios para a saúde decorrentes do consumo de níveis elevados de frutos e produtos hortícolas (Hertog e Feskens, 1993; Parr e Bolwell, 2000).
Os efeitos benéficos derivados dos compostos fenólicos foram atribuídos à sua atividade antioxidante (Heim et al. 2002).
A propriedade mais importante é a sua capacidade de atuar como antioxidantes, protegendo o organismo contra as espécies reactivas de oxigénio e podendo ter um efeito aditivo ao endógeno (Shahidi e Naczk, 1995 & Sellappan, 2002).

Enquanto polifenóis, os ácidos fenólicos são poderosos antioxidantes e têm demonstrado acções antibacterianas, antivirais, anticancerígenas, anti-inflamatórias e vasodilatadoras (Duthie, 2000; Breinholt, 1999; Shahidi e Naczk, 1995).

Os dados compilados por (Radtke, 1998; Clifford, 1999) indicam que muitos produtos hortícolas são fontes moderadas ou boas de ácidos fenólicos.

Estruturalmente, os compostos fenólicos são constituídos por um anel aromático, com um ou mais substituintes hidroxilo e variam desde moléculas fenólicas simples a compostos altamente polimerizados (Bravo, 1998& Shahidi, 2002).

Apesar desta diversidade estrutural, os grupos de compostos são frequentemente designados por polifenóis (Harborne, 1989; Harborne, 1999).

Destes, os ácidos fenólicos, os flavonóides e os taninos são considerados os principais compostos fenólicos da dieta (King e Young, 1999).

A atividade antioxidante dos compostos fenólicos deve-se à sua capacidade de eliminar os radicais livres, doar átomos de hidrogénio ou electrões ou quelatar catiões metálicos (Afanas'ev 1989 e Amawicz, 2004).

No caso dos ácidos fenólicos, por exemplo, a atividade antioxidante depende do número e da posição dos grupos hidroxilo em relação ao grupo funcional carboxilo (Rice-Evans, 1996 e Robards, 1999).

Embora os compostos fenólicos estejam presentes em quase todos os alimentos de origem vegetal, os frutos, os legumes e as bebidas são as principais fontes destes compostos na dieta humana (Hertog et al. 1993).

Existem grandes variações entre os teores de fenólicos totais dos diferentes frutos e legumes (Bravo, 1998 e Kalt, 2001).

Os compostos fenólicos presentes nos frutos encontram-se tanto em formas livres como ligadas, principalmente como beta-glicosídeos, mas o teor total de compostos fenólicos dos frutos é frequentemente subestimado (Sun et al. 2002).

Além disso, os teores fenólicos dos alimentos vegetais dependem de uma série de factores intrínsecos (género, espécie, cultivar) e extrínsecos (agronómicos, ambientais, manuseamento e armazenamento) (Tomas-Barberan e Espin, 2001& Rapisarda, 1999).

Cordia myxa:

A Cordia myxa tem flores brancas deliciosas, com cerca de 2,5 centímetros de largura e comprimento, que adornam o nosso arbusto durante mais de metade do ano, especialmente durante o inverno e a primavera. Cada rebento vegetativo de formação rápida forma uma inflorescência de oito a 12 botões florais. Estes botões são verdadeiramente notáveis por terem um ninho de pêlos pretos no cálice de cinco lóbulos - sim, pretos! No cimo do cálice, encontram-se cerca de dez apêndices esverdeados, que fazem com que o jovem botão pareça antes um fruto em desenvolvimento com estigmas ligados. A flor abre-se numa corola branca pura, em forma de funil e com dez lóbulos de pétalas fundidas. Os filamentos estão fundidos na garganta da corola (os estames são epipétalos) e assim as anteras brancas projectam-se num anel a cerca de um centímetro do tubo. Do centro emerge um estilo simples com dois estigmas. O ovário é cónico mas com dez lóbulos recortados à volta da base. Este ovário deve amadurecer numa drupa um pouco carnuda.

Eulophia Ochreata

É uma erva terrestre glabra com raízes tuberosas carnudas. As folhas são 3-5, elíptico-lanceoladas, acuminadas, 4-12 por 1,5-2,5 in., com muitas nervuras e sésseis. As flores são membranosas em todas as suas partes. A florescência é densa, com muitos racemos cilíndricos floridos de 4 a 6 polegadas de comprimento; escapo de 8 a 12 polegadas de comprimento, robusto abaixo, provido de bainhas ocreadas soltas; brácteas abaixo da flor de 0,33 a 0,5 polegadas de comprimento, conspícuas, estreitas, lanceoladas lineares, agudas; pedicelos com ovário de 0,5 polegadas de comprimento. Escamas com 1,5 cm de comprimento, lineares lanceoladas, agudas, fortemente nervuradas. Pétalas com 3/8 in. de comprimento, amplamente elípticas, agudas, fortemente nervadas. O esporão é um pequeno saco hemisférico. Lábio com 3/8 in. de comprimento, amplamente ovado, obtuso; lóbulos laterais 0; nervos todos franjados. O fruto é uma cápsula, com 1,5 - 1,75 in. de comprimento, elipsoide e ligeiramente estriado.

Utilizações
É conhecida por vários nomes vernáculos, como "Manya" em sânscrito, que significa o pescoço. Os tubérculos assemelham-se às glândulas escrofulosas do pescoço, pelo que se acredita que são úteis para a tuberculose do osso do pescoço. Em Marathi é chamado "Mankand" (homem do pescoço). A palavra também se aplica a doenças escrofulosas no pescoço. É também designada por "amarkand", que significa "nunca morrer".
Os tubérculos de *Eulophia* são um excelente exemplo de nutracêuticos utilizados pelas tribos. Os tubérculos contribuem significativamente para a segurança alimentar e nutricional, sendo mais conhecidos pelo seu efeito rejuvenescedor e anti-fadiga. O inquérito sobre os "Conhecimentos Tradicionais Indígenas" concluiu que os tubérculos são cozidos, pilados, cortados em pequenos pedaços e misturados com igual volume de açúcar e leite e, finalmente, transformados numa pasta, sendo receitados principalmente para úlceras de estômago e como tónico geral. Os tubérculos são adstringentes, afrodisíacos, anti-helmínticos, utilizados contra o veneno das aranhas e como purificador do sangue. Também é utilizado na tosse, constipação e problemas cardíacos.
Os tubérculos são aplicados externamente e administrados internamente para curar doenças. No norte (Punjab), os tubérculos são utilizados como um saleb. Os tubérculos contêm uma grande quantidade de mucilagem branca. Os tubérculos são adstringentes, utilizados como tónico nutritivo, afrodisíaco, anti-helmíntico e purificador do sangue. Também é utilizado na tosse, constipação e problemas cardíacos.

Momordica dioica:
A Momordica dioica pertence à família das Cucurbitáceas. É uma planta indígena das Índias Orientais. Esta espécie é cultivada na Índia para fins alimentares. Existem diversas variedades. Os frutos jovens e verdes e as raízes tuberosas da planta fêmea são consumidos pelos nativos e, na Birmânia, segundo Mason, o fruto pequeno e muricado é ocasionalmente consumido. Em Bombaim, esta planta é cultivada pelo seu fruto, que tem o tamanho de um ovo de pombo e é nodoso, diz Graham.
É relatada a atividade antioxidante e hepatoprotectora dos extractos etanólico e aquoso das folhas de *Momordica dioica*. Eficácia da aplicação de óleos de sementes vegetais como protetor de grãos contra a infestação por *Callosobruchus chinensis* e o seu efeito nas fracções de moagem e no grau aparente de descasque de leguminosas.
Atividade antifeedante de extractos de polpa de frutos de *Momordica dioica* sobre *Spodoptera litura*. Uma lectina anti-H invulgar inibida pelo leite de indivíduos com o fenótipo de Bombaim. Tem um potencial de redução do açúcar no sangue e é cultivado na Índia, no Bangladesh e nos países vizinhos há muito tempo. É rico em caroteno, proteínas, hidratos de carbono e vitamina C. O Kakrol é um importante legume de verão, amplamente cultivado nos distritos de Comilla, Brahmabbaria, Rangpur, Norshingdi e Sylhet, no Bangladesh, e tem um elevado valor económico com potencial de exportação. O melhoramento desta cultura não foi tentado de forma adequada, devido à sua natureza dióica e ao seu modo de propagação vegetativa. Atualmente, a sua propagação depende inteiramente de raízes tuberosas subterrâneas, que ocupam a valiosa terra cultivável durante um longo período, ou seja, até à época de plantação seguinte. É difícil manter a qualidade dos tubérculos em condições de campo, bem como conservá-los em armazém. A micropropagação pode ajudar a ultrapassar estes problemas em grande medida. Não existem muitos estudos sobre a micropropagação da cabaça do chá no Bangladesh ou nos países vizinhos.
A Momordica dioica, vulgarmente conhecida por Teasle Gourd Kakrol, Kankro, Kartoli ou Kantoli, é um legume relativamente pequeno, de forma oval a ovoide; é um legume muito apreciado no subcontinente indiano, embora relativamente raro. Só se encontra disponível durante os meses de chuva. A Momordica dioica é normalmente plantada no verão e é muito provavelmente uma planta nativa do subcontinente indiano. O legume é rico em cálcio, fósforo, ferro e caroteno e é procurado para exportação e para os mercados internos. A cultura pode ser cultivada em diferentes tipos de solo e propaga-se através de raízes tuberosas entre março e abril. A colheita pode ser efectuada em 90-100 dias. O rendimento varia entre 10-12 m toneladas/ha. Os frutos são consumidos fritos ou cozinhados, com ou sem carne ou peixe.

Morfologia

a) Macroscópico Pedaços finamente cortados de raízes tuberosas, superfície exterior rugosa e castanho-acinzentada, parte central branca a creme, amilácea, friável; fratura, fibrosa; inodora e de sabor ligeiramente amargo.

b)Microscópico T.S. mostra cortiça com 6 a 9 células de profundidade, células em forma de tijolo e dispostas em filas com conteúdo castanho-acinzentado; célula do câmbio da cortiça semelhante em estrutura e tamanho, seguida por uma zona de células comprimidas com 2 a 4 células de profundidade; cortex composed of about 10 layers of cells, thin walled, irregular in shape and parenchymatous, towards the inner side of the cortex, scattered solitary or groups of sclerenchymatous cells are present; phloem 6 to 8 cells deep, phloem parenchyma usually filled with starch grains of about 16 to 25 p in diam.xilema composto por cordões de vasos dispersos e parênquima do xilema; a maioria dos vasos são geralmente solitários ou encontrados em grupos de 2 ou 3; o parênquima do xilema contém grãos de amido redondos ou ovais semelhantes aos do floema. Pó: castanho-esbranquiçado, de fluxo livre, caracterizado pela presença de células esclerenquimatosas, com canais radiais e lúmen estreito; estão também presentes grãos de amido, células de cortiça e células parenquimatosas. (Nagasawa, 2002).

UTILIZAÇÕES TRIBAIS E FITOTERÁPICAS

Na Amazónia, as populações locais e as tribos indígenas cultivam o melão amargo nas suas hortas para fins alimentares e medicinais. Juntam os frutos e/ou as folhas ao feijão e à sopa para obterem um sabor amargo ou azedo; a fervura prévia com uma pitada de sal pode retirar algum do sabor amargo. Medicinalmente, a planta tem uma longa história de utilização pelos povos indígenas da Amazónia. O chá das folhas é usado para diabetes, para expelir gases intestinais, para promover a menstruação e como antiviral para sarampo, hepatite e estados febris. É usado topicamente para feridas e infecções e interna e externamente para vermes e parasitas.

Na fitoterapia brasileira, o melão amargo é usado para tumores, feridas, reumatismo, malária, corrimento vaginal, inflamações, problemas menstruais, diabetes, cólicas, febres e vermes. Também é utilizado para induzir abortos e como afrodisíaco. É preparado num remédio tópico para a pele para tratar vaginite, hemorróidas, sarna, erupções cutâneas com comichão, eczema, lepra e outros problemas de pele. No México, a planta inteira é utilizada para a diabetes e a disenteria; a raiz é um afrodisíaco de renome. Na medicina herbal peruana, a folha ou as partes aéreas da planta são utilizadas para tratar o sarampo, a malária e todos os tipos de inflamação. Na Nicarágua, a folha é normalmente utilizada para dores de estômago, diabetes, febres, constipações, tosse, dores de cabeça, malária, problemas de pele, distúrbios menstruais, dores, hipertensão, infecções e como auxiliar no parto (Nagasawa, 2002).

PRODUTOS QUÍMICOS PARA PLANTAS

A Momordica dioica contém uma série de substâncias químicas vegetais biologicamente activas, incluindo triterpenos, proteínas e esteróides. Uma substância química demonstrou clinicamente a capacidade de inibir a enzima guanilato ciclase que se pensa estar ligada à causa da psoríase e que também é necessária para o crescimento de leucemia e células cancerígenas. Além disso, uma proteína presente no melão amargo, a momordina, demonstrou clinicamente a sua atividade anticancerígena contra o linfoma de Hodgkin em animais. Outras proteínas da planta, a alfa e a beta-momorcharina e a cucurbitacina B, foram testadas para detetar possíveis efeitos anticancerígenos. Um análogo químico destas proteínas do melão amargo foi desenvolvido, patenteado e denominado "MAP-30"; os seus criadores relataram que era capaz de inibir o crescimento do tumor da próstata. Duas destas proteínas - a alfa e a beta-momorcharina - também foram relatadas como inibidoras do vírus HIV em estudos de tubo de ensaio. Num estudo, as células infectadas pelo HIV tratadas com alfa e beta-momorcharina mostraram uma perda quase completa do antigénio viral, enquanto as células saudáveis não foram afectadas. O inventor da MAP-30 registou outra patente que afirmava ser "útil para o tratamento de tumores e infecções por VIH". "Outro estudo clínico demonstrou que a atividade antiviral da MAP-30 era também relativa ao vírus do herpes in vitro.

Em numerosos estudos, pelo menos três grupos diferentes de constituintes encontrados em todas as partes do melão amargo demonstraram clinicamente propriedades hipoglicémicas (redução do açúcar no sangue) ou outras acções de potencial benefício contra a diabetes mellitus. Estas substâncias químicas que reduzem o açúcar no sangue incluem uma mistura de saponinas esteroidais conhecidas como charantina, péptidos semelhantes à insulina e alcalóides. O efeito hipoglicémico é mais pronunciado no fruto do melão amargo, onde estas substâncias químicas se encontram em maior abundância (Lieneretal. 1969).

Alcalóides, charantina, charina, criptoxantina, cucurbitinas, cucurbitacinas, cucurbitanes, cicloartenóis, diosgenina, ácidos elaeosteárico, eritrodiol, ácidos galacturónicos, ácido gentísico, goiaglicosídeos, goiasaponinas, inibidores da guanilato ciclase, gipsogenina, hidroxitriptaminas, karounidióis, lanosterol, ácido láurico, ácido linoleico, ácido linolénico, momorcarasídeos, momorcarinas, momordenol, momordicilina, momordicinas, momordicinina, momordicosídeos, momordina multiflorenol, ácido mirístico, nerolidol, ácido oleanólico, ácido oleico, ácido oxálico, pentadecanos, péptidos, ácido petroselínico, polipéptidos, proteínas, proteínas inactivadoras dos ribossomas, ácido rosmarínico, rubixantina, espinasterol glicosídeos esteroidais, estigmasta-dióis, estigmasterol, taraxerol, trealose, inibidores da tripsina, uracilo, vacina, v-insulina, verbascosídeo, vicina, zeatina, zeatina ribosídeo, zeaxantina e zeinoxantina encontram-se todos no melão amargo (Nagasawa,2002).

Contra-indicações:
- *A Momordica dioica,* tradicionalmente utilizada como abortivo, tem sido documentada com uma fraca atividade estimulante uterina; por conseguinte, é contra-indicada durante a gravidez.
- Está documentado que esta planta reduz a fertilidade tanto em homens como em mulheres, pelo que não deve ser utilizada por pessoas em tratamento de fertilidade ou que pretendam engravidar.
- As substâncias químicas activas do melão amargo podem ser transferidas através do leite materno; por conseguinte, é contraindicado em mulheres que estejam a amamentar.
- Todas as partes do melão amargo (especialmente o fruto e a semente) demonstraram em numerosos estudos *in vivo* que reduzem os níveis de açúcar no sangue. Como tal, é contraindicado em pessoas com hipoglicémia. Os diabéticos devem consultar os seus médicos antes de utilizarem esta planta e usá-la com precaução enquanto monitorizam regularmente os seus níveis de açúcar no sangue, uma vez que a dosagem dos medicamentos de insulina pode precisar de ser ajustada.

Embora todas as partes da planta tenham demonstrado uma atividade antibacteriana ativa, nenhuma demonstrou atividade contra fungos ou leveduras. O uso a longo prazo desta planta pode resultar na morte de bactérias amigáveis com o consequente crescimento excessivo de leveduras (Candida). Pode justificar-se a interrupção do uso da planta (a cada 21-30 dias durante uma semana), e a adição de probióticos à dieta pode ser benéfica se esta planta for usada durante mais de 30 dias. (Nagasawa, 2002).

Portulaca oleracea:

Portulaca oleracea (Família-Portulacaceae), que consiste em mais de 120 espécies de ervas e arbustos frequentemente suculentos (Hyam e Pankhurst, 1995; Ozcan et al, 2003) P. *oleracea,* doravante designada por beldroegas, é uma erva daninha muito comum e foi classificada como a oitava planta mais comum no mundo (Coquilla, 1951).

Trata-se de uma planta anual, uma suculenta alastrante com caules vermelhos, espessos e quebradiços, sem pêlos, que nascem de uma roseta central. As folhas são obovadas e as pequenas flores amarelas só se abrem se estiver sol. Produz um grande número de sementes pretas minúsculas mas visíveis. Gosta de crescer em áreas desbravadas, muitas vezes acidentadas, mas desenvolve-se bem num jardim cultivado. É um parente das variedades de Portulaca não comestíveis de jardim.

Todas as partes podem ser utilizadas, incluindo raízes, caules, folhas, flores e sementes, e são utilizadas como plantas culinárias, medicinais e ornamentais. A sua extraordinária variedade de vitaminas (A, C e E) e minerais como sais de cálcio e potássio, fósforo, manganês e ferro, glutatião e ácidos gordos Ómega 3 fazem desta planta um tesouro nutricional. É uma óptima fonte de antioxidantes.

A Portulaca oleracea é utilizada como :
um legume para salada, cortado ou inteiro

um vegetal ligeiramente cozinhado, como os espinafres
um vinagre
uma cataplasma tópica
uma decocção em água
uma pasta para tratamentos de pele
como cicatrizante de feridas É também utilizado: 1- como nutritivo geral para todas as pessoas, mas
sobretudo para as mulheres na menopausa, as pessoas com dificuldades de absorção, as pessoas que
recuperam de doenças e estados de fadiga e os idosos
2 - Para qualquer problema de pele quente e inflamada, por exemplo, furúnculos, cortes, dermatite
psoríase
3- Para pessoas com problemas digestivos, como intestino irritável, colite ulcerosa, outras
ulcerações ou inflamações e diarreia.
4- Para pessoas com cistite.
5- Como diurético
6- Para pessoas com inchaço pré-menstrual
7- Para um anti-oxidante geral, quer como preventivo de doenças relacionadas com a idade, quer
como parte da abordagem ao tratamento de pessoas com problemas de saúde crónicos.

Valor nutritivo da *Portulaca oleracea*

1. As folhas de beldroegas, tanto de interior como de exterior, continham quantidades mais
elevadas de ácido alfa-linolénico (18:3w3) do que as folhas de espinafres. A beldroega cultivada em
câmara continha a maior quantidade de 18:3w3. As amostras dos dois tipos de beldroegas
continham níveis mais elevados de alfa-tocoferol, ácido ascórbico e glutatião do que os espinafres.
A beldroega cultivada em câmara era mais rica nos três elementos e a quantidade de alfatocoferol
era sete vezes superior à encontrada nos espinafres, ao passo que os espinafres eram ligeiramente
superiores em beta-caroteno. Cem gramas de folhas frescas de beldroegas (uma dose) contêm cerca
de 300-400 mg de18:3w3; 12,2 mg de alfa-tocoferol; 26,6 mg de ácido ascórbico; 1,9 mg de beta-
caroteno; e 14,8 mg de glutatião. Confirmamos que a beldroega é um alimento nutritivo rico em
ácidos gordos ómega 3 e antioxidantes.1.
2. As folhas apresentaram a maior quantidade de proteínas na terceira fase de crescimento (44,25
g/100g de matéria seca). As raízes mostraram um declínio no nível de proteína à medida que a
planta envelhecia. Os hidratos de carbono solúveis foram significativamente mais elevados nos
estados de crescimento 1 e 3. Foi encontrada uma variação significativa entre os estádios de
crescimento no que respeita ao fósforo total, cálcio, potássio, ferro, manganês e cobre. O teor de
fósforo total (P) nas folhas foi significativamente mais elevado do que o P encontrado nos caules e
nas raízes. O teor de ferro (Fe) variou significativamente entre as fases de crescimento, e as raízes e
as folhas apresentaram o teor de Fe mais elevado (121,47 e 33,21 mg, respetivamente). Verificou-se
uma acumulação significativa de manganês (Mn) em diferentes fases de crescimento. As folhas e as
raízes apresentaram um teor de Mn significativamente mais elevado do que os caules.4
3. O perfil de ácidos gordos e o teor de beta-caroteno de diversas variedades australianas de
beldroegas (Portulaca oleracea) foram determinados por GC e HPLC. O teor total de ácidos gordos
variou de 1,5 a 2,5 mg/g de massa fresca nas folhas, 0,6 a 0,9 mg/g nos caules e 80 a 170 mg/g nas
sementes. O ácido alfa-linolénico (C18:3omega3) representou cerca de 60% e 40% do teor total de
ácidos gordos nas folhas e sementes, respetivamente. Não foram detectados ácidos gordos ómega 3
de cadeia mais longa. O teor de beta-caroteno variou de 22 a 30 mg/g de massa fresca nas folhas.
Estes resultados indicam que as variedades de beldroegas australianas são uma fonte rica em ácido
alfalinolénico e beta-caroteno.
4. Os resultados do estudo mostraram que, à medida que a planta amadurecia do estádio I (15 dias)
para o estádio II (30 dias), o teor de cálcio e magnésio aumentava. Em contrapartida, o teor de
fósforo diminuiu à medida que a planta amadureceu. Foram também observadas diferenças varietais
nos diferentes estádios de maturação. Os resultados também indicaram que o consumo de vegetais
de folha verde no estádio I (15 dias) e no estádio II (30 dias) fornece potencialmente a maior
quantidade de minerais.

A Portulaca oleracea tem uma longa história de utilização na alimentação humana, na alimentação animal e para fins medicinais (Salisbury, 1961). Atualmente, porém, a maioria das pessoas nas sociedades modernas limita a sua dieta a alguns legumes cultivados, pelo que as plantas silvestres como a beldroega tendem a ser subutilizadas. Investigações recentes indicam que a beldroega oferece uma melhor nutrição do que os principais legumes cultivados. Em particular, tem uma elevada percentagem de ácido a-linolénico (LNA) e é uma fonte mais rica deste ácido gordo do que qualquer outro vegetal de folha verde investigado até à data (Simopoulos,1992; Simopoulos,1995; Guil e Rodriguez, 1999; Ezekwe,1999 e Palaniswamy,1997).
O LNA, um ácido gordo ómega 3, é um ácido gordo essencial porque não pode ser sintetizado pelos seres humanos, mas tem de ser ingerido. Desempenha um papel importante no crescimento humano, no desenvolvimento e na prevenção de doenças. É o precursor dos ácidos gordos ómega 3 de cadeia mais longa, o ácido eicosapentaenóico (EPA), o ácido docosapentaenóico (DPA) e o ácido docosahexaenóico (DHA), que se encontram predominantemente em organismos marinhos e aos quais foi atribuída uma vasta gama de benefícios para a saúde (Galli & Simopoulos,1994). Assim, relatórios recentes que afirmam a existência de ácidos gordos polinsaturados ómega 3 de cadeia mais longa na beldroega atraíram um interesse considerável nesta planta como fonte alternativa destes nutrientes para consumo humano (Omara & Mebrahtu, 1999 e Simopoulos & Salem, 1986).
A beldroega tem sido descrita como um "alimento poderoso" do futuro devido às suas elevadas propriedades nutritivas e antioxidantes (. Levey G.A., 1993). É uma excelente fonte de antioxidantes, como as vitaminas A, C e E e o p-caroteno, que, através da sua capacidade de neutralizar os radicais livres, têm o potencial de prevenir doenças cardiovasculares, cancro e doenças infecciosas. Tomados como suplementos, podem diminuir a taxa de oxidação das lipoproteínas de baixa densidade, que contribuem significativamente para a aterosclerose.
Na Austrália, a beldroega é uma planta nativa encontrada em todos os estados do continente (Elliot e Jones, 1995). Além disso, tem sido utilizada como alimento e medicamento tradicional pelos aborígenes e os seus atributos de saúde foram notados pelos primeiros colonos europeus (Isaacs, 1987). Surpreendentemente, no entanto, não houve nenhuma tentativa de avaliar os atributos nutricionais das variedades australianas de beldroegas. Neste estudo, o perfil de ácidos gordos e o teor de p-caroteno de diversas variedades australianas de beldroegas foram analisados por métodos cromatográficos e comparados com variedades norte-americanas.
Solanum indicum:
Solanum indicum é uma pequena planta tropical perene originária da Índia e está amplamente distribuída na África Ocidental, da Serra Leoa à Nigéria, dos Camarões para leste até à Etiópia e Zimbabué do Sul, encontrando-se também em algumas partes do Sudeste Asiático, Brasil e Europa do Sul (Yamaguchi, 1983). O seu nome comum é beringela e é conhecida localmente como "Igbagba" ou "Igbo" (Datta, 1988). *A S. indicum* é caracterizada por folhas, flores, frutos e sementes. As folhas têm 10-30 cm de comprimento e 4-15 cm de largura; são alternadas, de forma oval e lobadas com margem ondulada. As flores são transportadas em inflorescências curtas e pedunculadas (contendo 2-7 flores), têm cerca de 3-8 cm de diâmetro, e as flores na parte inferior são bissexuais, enquanto as da parte superior das plantas são masculinas. Os frutos são redondos, com partes sulcadas e achatadas na parte superior e inferior. Têm cerca de 5-7 cm de comprimento e 7-8 cm de largura, enquanto as sementes da planta do ovo são assimétricas, brilhantes e com uma estrutura minuciosamente padronizada (Yamaguchi, 1983).
A beringela é conhecida por ser útil em muitas regiões do mundo, tanto na preparação de sopas como na medicina popular. Todas as partes da planta são úteis para a população; as suas folhas são utilizadas para cozinhar sopas de legumes, enquanto os frutos são consumidos quando cozinhados com arroz na Indonésia. A raiz da planta é utilizada contra a bronquite, comichão, dores no corpo e asma e para curar feridas, enquanto as suas sementes são utilizadas para tratar a dor de dentes. O sumo dos legumes é utilizado no tratamento da gota, do reumatismo e da angina. É também utilizada como anestesia de parto, para tratar tumores inflamatórios, tecidos cancerosos e no tratamento da doença de Parkinson. Os habitantes do Nepal utilizam-na como sedativo, enquanto os marroquinos a utilizam para estimular a memória (Stoker, 1995). Todas as partes de *S. indicum*, exceto o fruto, foram

relatadas como causadoras de dores de estômago, insuficiência cardíaca, baba e letargia em cães. Este estudo, portanto, procurou determinar o efeito de algumas técnicas convencionais de processamento de alimentos na qualidade nutricional das folhas de beringela, bem como o efeito hemolítico da infusão diluída das folhas de beringela em eritrócitos humanos *in vitro* (Edmonds et al. 1995).

Os teores fenólicos de alguns frutos são consideravelmente inferiores aos das bagas e uvas (Asami et al. 2003).

Foi referido que os morangos cultivados segundo o modo de produção biológico apresentavam um teor de fenólicos mais elevado do que as culturas convencionais (Hakkinen e Torronen, 2002).

As fontes de ferro não heme, que não é absorvido tão bem como o ferro heme, incluem feijões, lentilhas, farinhas, cereais e produtos de grãos. Outras fontes de ferro incluem frutos secos, ervilhas, espargos e folhas verdes (Black, 2004).

Com base nas evidências científicas disponíveis, o zinco pode ser eficaz no tratamento da desnutrição (infantil), úlceras pépticas, úlceras nas pernas e infertilidade, doença de Wilson, herpes e distúrbios do paladar ou do olfato. O zinco também ganhou popularidade pela sua utilização na prevenção da constipação comum (Al- Maroof, 2006).

Os legumes de folha ocupam um lugar importante em dietas equilibradas (Ames e Gold 1996; Lucarini e Canali1999; Kratzer e Vohra 1986).

Por outro lado, com poucas excepções, acredita-se que os frutos e os vegetais de folha ocupam um lugar modesto como fonte de oligoelementos devido ao seu elevado teor de água (Gibson, 1994).

Para além de satisfazer os níveis de ingestão de nutrientes, um maior consumo de fruta e legumes está associado a um menor risco de doenças cardiovasculares, acidentes vasculares cerebrais e cancros da boca, faringe, esófago, pulmões, estômago e cólon (Gillman, 1995; Joshipura, 2001& Riboli 2003).

CAPÍTULO III

MATERIAL E MÉTODOS

Este capítulo trata dos vários métodos seguidos para estudar os valores nutritivos de plantas silvestres comestíveis selecionadas do Irão e da Índia. Está dividido em três partes. Estas são as seguintes:
Está dividido em três partes, nomeadamente
A) Recolha de plantas silvestres comestíveis selecionadas nas zonas de estudo, ou seja, no Irão e na Índia.
B) Preparação de material para estudo bionutricional.
C) Rastreio fitoquímico de material para investigar os valores nutritivos.

Como as plantas silvestres comestíveis não crescem numa só localidade e numa determinada estação do ano, é preciso contentar-se com algumas plantas silvestres comestíveis que se encontram numa determinada localidade. Por conseguinte, foram organizadas visitas frequentes para a recolha de plantas silvestres comestíveis selecionadas do Irão e da Índia. O material vegetal foi colhido nas regiões ocidentais de Ghat de Maharashtra (Índia), especialmente em Mahabaleshwar, Vai, Mulshi e Konkan, bem como em vários locais do Irão, em três visitas diferentes.

As seguintes plantas silvestres comestíveis foram selecionadas para a presente investigação:
1. *Alocacia indica* Sch.   (Araceae), da Índia
2. *Asparagus officinalis* DC. (Liliaceae) do Irão
3. *Chlorophytum comosum* Linn. (Liliaceae) do Irão
4. *Cordia myxa* Roxb.   (Boraginaceae) do Irão
5. *Eulophia ochreataEindY*   (Orchidaceae) da Índia
6. *Momordica diocia* Roxb.   (Cucurbitaceae) da Índia
7. *Portulaca oleracea* Linn.   (Portulacaceae) do Irão
8. *Solanum indicum* Linn.   (Solanaceae) do Irão

Foram feitos esforços para recolher estas plantas em condições de floração e frutificação para uma identificação botânica correta. Também foram recolhidas informações em primeira mão junto das comunidades tribais sobre a sua utilização. Normalmente, o material vegetal saudável e isento de doenças foi colhido, limpo de forma a remover o solo ou qualquer sujidade que lhe estivesse agarrada. Em seguida, de acordo com o tamanho do material, foi cortado em pequenos pedaços com a ajuda de uma faca limpa, seco no forno a baixa temperatura, transformado em pó no misturador e armazenado em recipientes limpos e herméticos para o rastreio fitoquímico.

1. *Alocasia indica* Sch.
Cresce em locais de pluviosidade moderada e elevada. A planta foi colhida em Maharashtra e em Pune e arredores (Índia). Foram feitos esforços para a recolher em estado de floração e frutificação para uma identificação botânica correta. O material vegetal foi identificado utilizando a flora da presidência de Bombaim (Cooke, 1958). A parte do caule está a ser utilizada como alimento. Após a recolha, foi levada para o Departamento de Botânica da Universidade de Pune. Foi cortado em pequenos pedaços com uma faca limpa; estes pedaços foram colocados em folhas de papel mata-borrão e colocados na estufa para secagem a baixa temperatura. Durante a secagem dos pedaços de caule na estufa, a temperatura foi controlada para evitar a decomposição dos constituintes químicos. O material seco foi triturado num misturador e armazenado em recipientes limpos e secos para análises fitoquímicas Caraterísticas *da Alocasia indica*:
- Origem: A planta rizomatosa monocotiledónea é originária do Sudeste Asiático e cresce em zonas semi-sombreadas, necessitando de temperaturas iguais ou superiores a 68F. Mínimo 60F
- Altura x largura: cerca de 17-24" de altura.
- Folhagem: Lindas folhas brilhantes cobrem as meias porções de caules macios. As folhas são grandes (algumas até 3x4'), em forma de coração ou de espátula, com marcas distintivas e lindamente coloridas e variegadas em tons de verde, roxo, verde-azulado, vermelho e bronze. Se for colocado ao ar livre, é necessário proteger-se do vento porque as folhas são frágeis.
- Flores: *As alocasias* desenvolvem espatas brancas encapuzadas, parecidas com as do Spathiphyllum, que são tão grandes quanto, até 6-7" de comprimento.

- <u>Rega</u>: Recomenda-se água macia, à temperatura ambiente. Meio húmido mas não encharcado durante a estação de crescimento. Quando as folhas desbotam no outono, é necessária menos água. Quando as folhas tiverem morrido, humedecer o meio apenas ocasionalmente e deixar a planta (rizoma) "descansar". Normalmente requer uma humidade elevada
- <u>Solo/Meio</u>: Necessita de um recipiente grande com boa drenagem até cerca de um terço da sua profundidade, num meio como uma mistura de casca de árvore moída, terra, areia afiada e carvão. Quando cultivada em recipientes, coloque a parte superior dos rizomas de *Alocasia* ao nível do solo; caso contrário, as folhas inferiores podem apodrecer na base.
- <u>Pragas e problemas</u>: Apodrecimento dos rizomas quando as temperaturas são demasiado baixas.

  Alocasia vs. *Colocasia*: A *Alocasia* difere tecnicamente da *Colocasia* nas caraterísticas do ovário, mas na maior parte dos casos tem uma folha brilhante e aponta inicialmente para cima, enquanto *a Colocasia* tem na maior parte das vezes uma folha com acabamento mate e aponta para baixo. Outra diferença é que as folhas *da Alocasia* podem ser divididas ou não divididas, enquanto as folhas da Colocasia são sempre não divididas. Além disso, supostamente, *as Colocasia* têm folhas com os caules ligados ao meio da folha e "balançam" com a brisa, enquanto *as Alocasia* têm caules ligados à parte superior da folha.
- <u>Advertência</u>: A seiva leitosa da planta contém cristais afiados de oxalato de cálcio, semelhantes a agulhas, que podem irritar a pele e as membranas mucosas. As folhas de algumas espécies também contêm ácido prússico. (**Panzhuyuia**, 1995).

2. *Asparagus officinalis* **DC**. O caule de *Asparagus* officinalis é comestível no Irão. Verifica-se que o material vegetal cresce em localidades pouco pluviosas do Sul do Irão. O material vegetal foi colhido no Centro de Investigação Agrícola de Dezful, no Sul do Irão. O material vegetal foi levado para o laboratório do Departamento de Ciência e Tecnologia Alimentar da Universidade Agrícola de Ramin num recipiente fresco e seco. O caule do material vegetal foi seco à sombra de modo a evitar a decomposição dos compostos químicos, transformado em pó no misturador e armazenado em recipientes limpos e secos para análises fitoquímicas. É uma erva perene com folhas semelhantes a escamas e um caule ereto e muito ramificado que cresce até 3 metros de altura. *Os espargos* são originários da Europa e da Ásia e atualmente são cultivados em todo o mundo. A parte utilizada como vegetal consiste nos caules aéreos, ou lanças, que nascem dos rizomas. Os *espargos* são muito utilizados como legumes e são frequentemente escaldados antes de serem utilizados. Os extractos das sementes e das raízes têm sido utilizados em bebidas alcoólicas, com níveis máximos de 16 ppm em média. As sementes têm sido utilizadas em substitutos do café, preparações diuréticas, laxantes, remédios para neurite e reumatismo, para aliviar dores de dentes, para estimular o crescimento do cabelo e como tratamento do cancro. A medicina chinesa utilizou-as para tratar doenças parasitárias. Diz-se que os extractos serviam como contraceptivos e os extractos para limpar o rosto.

3. *Chlorophytum comosum* Linn: Mais de 175 espécies de *Chlorophytum* foram registadas em todo o mundo. *O Chloophytum comosum* é amplamente utilizado como planta ornamental, sendo vulgarmente conhecido como hera aranha, planta aranha, planta aeroplana ou antericum ambulante. Foi colhida no jardim do Shiraz Agricultural College. O material vegetal cresce em localidades pouco chuvosas do Sul do Irão. O material vegetal foi trazido para o Departamento de Ciência e Tecnologia Alimentar em contentores frescos e secos. As raízes tuberosas foram lavadas com água para eliminar os resíduos, separadas e secas à sombra para evitar a composição de compostos químicos. Em seguida, foram pulverizadas num misturador e armazenadas em recipientes limpos e secos para análises fitoquímicas.

Caracteres botânicos: Esta erva é originária da África do Sul. As folhas são verdes em forma de fita, muitas vezes variegadas com riscas amarelas ou brancas. As plantas produzem esporadicamente cachos soltos de flores esbranquiçadas e novos cachos de folhas em caules alongados. *A maior parte dos géneros de Liliaceae são perenes. herbáceas O Chlorophytum comosum* variegatum (planta-aranha) é uma das plantas de interior mais populares porque é muito fácil de cultivar e multiplicar. Trata-se de uma escolha atractiva e gratificante. As folhas compridas, herbáceas, amarelas e verdes arqueam-se numa fonte. No verão, os caules creme e rijos têm flores brancas nas suas pontas. Em seguida, formam-se pequenas plântulas que dão um belo efeito de cascata. É uma planta muito adaptável, mas as condições climáticas adversas fazem com que as pontas da folhagem se tornem castanhas.

4. *Cordia myxa* Roxb.

Cerca de 13 géneros e 400 espécies encontram-se em regiões tropicais e subtropicais. **Caracteres botânicos:** É uma árvore caducifólia de folha larga de tamanho médio. O seu habitat começa a cerca de 200 m acima do nível médio do mar nas planícies e sobe até uma altura de cerca de 1500 m nas colinas. Tendo em conta as numerosas utilidades da planta, esta é amplamente cultivada também nas zonas áridas. A espécie é originária da China e é amplamente cultivada nas planícies e nas regiões tropicais. Embora esta planta floresça bem em solos argilosos e arenosos profundos, o seu desempenho é ainda melhor em zonas com cerca de 100 a 150 cm de precipitação anual. Amadurece em cerca de 50 a 60 anos, quando a sua circunferência à altura do peito é de cerca de 1 a 1,5 m. O seu fuste (tronco principal) é geralmente reto e cilíndrico, atingindo uma altura de cerca de 3 a 4 m. Os ramos estendem-se em todas as direcções, pelo que a sua coroa pode ser formada numa bela cúpula invertida como um guarda-chuva. Quando completamente crescida, a altura total da árvore atinge cerca de 10 a 15 m. Em clima menos favorável e/ou ambiente desfavorável, no entanto, tem um crescimento menor e pode atingir uma forma um pouco torta. Num ambiente ainda mais desfavorável, pode até ficar atrofiada como um arbusto.

A casca da lasura é castanha acinzentada com fissuras longitudinais e verticais. A árvore pode ser facilmente identificada à distância, observando as fissuras que são tão proeminentes na casca do tronco principal de uma árvore que se aproxima da maturidade.

As folhas da lasura são largas, ovadas, alternas e pedunculadas, com uma dimensão de 7 a 15 cm x 5 a 10 cm. No que respeita ao aspeto exterior, são glabras em cima e pubescentes em baixo. As folhas jovens tendem a ser peludas. A folhagem fresca é bastante útil como forragem para o gado, sobretudo durante a escassez de erva. Também é utilizada para embrulhar biddies e cheroots. A árvore de Lasura floresce durante março-abril. A inflorescência, maioritariamente terminal, é de cor branca. Os floretes individuais têm cerca de 5 mm de diâmetro. Nalguns locais, são ligeiramente peludas e brancas. Sendo uma planta de folha caduca, a espécie apresenta flores masculinas e femininas na mesma árvore. A parte do cálice de uma flor independente tem cerca de 8 mm de comprimento e é glabra, mas não pubescente. Divide-se irregularmente na abertura do seu botão em flor. Os filamentos são peludos. Os frutos da lasura começam a aparecer em julho-agosto. (Cooke, 1958). É uma espécie de drupa, de cor clara a castanha ou mesmo rosada. O seu aspeto tende a escurecer com o início da maturação. A polpa é um pouco translúcida, pois está cheia de mucilagem viscosa. Quando completamente madura, a polpa torna-se bastante doce no sabor e é totalmente apreciada pelas crianças. A polpa de um fruto meio maduro pode mesmo ser utilizada como alternativa à cola de papel em trabalhos de escritório. O fruto da lasura meio maduro dá origem a um caldo saboroso, de efeito quente, segundo os praticantes da Ayurveda. O fruto dá também um excelente pickle, que não é tão quente. De facto, a conserva é bastante eficaz contra a indigestão. Os frutos maduros estão repletos de vitaminas e o seu consumo regular é suposto ajudar ao bom crescimento do cabelo. As preparações de lasura são, portanto, boas para pessoas cuja constituição pode ter tendência para ficar careca. Para além dos frutos, a casca e as raízes da lasura são também muito eficazes como remédio local contra a tosse, a constipação e várias outras doenças relacionadas com a indigestão e problemas de garganta.

5. *Eulophia ochreata* Lindl. : Cresce em locais de pluviosidade moderada e elevada. A planta foi colhida em Maharashtra, em Pune e arredores (Índia). O material vegetal foi identificado com base na flora da presidência de Bombaim (Cooke, 1958). Após a recolha, foram levados para o Departamento de Botânica da Universidade de Pune e transformados em pequenos pedaços com uma faca limpa; os tubérculos de *Eulophia ochreata* foram completamente secos na estufa, a temperatura da estufa foi controlada para evitar a decomposição dos constituintes químicos, foram pulverizados num misturador e armazenados em recipientes limpos e secos para análises fitoquímicas.

Caracteres botânicos:

Como muitas outras *Eulophias,* esta espécie foi inicialmente descrita no género *Lissochilus* e só mais tarde transferida para *Eulophia*, um grande género pan tropical com cerca de 250 espécies quase exclusivamente de orquídeas terrestres. O nome genérico *Eulophia*, atualmente aceite, deriva do grego antigo *eu*, que significa bom, e *lophos, que significa* crista, que se refere ao calo labial. O epíteto específico *speciosus* significa vistoso (Hall, 1965). As folhas são 3-5, elíptico-lanceoladas, acuminadas, com muitas nervuras e sésseis. Muitas flores membranosas são ósseas em racemos cilíndricos de 4-6 polegadas de comprimento, escapo de 8-12 polegadas de comprimento; robusto abaixo, equipado com bainhas ocreadas largas e soltas. As sépalas 1/2 são longas, linear-lanceoladas, agudas e fortemente nervuradas. As pétalas têm 3/8 in. de comprimento, são largamente ovadas, obtusas e os nervos são todos franjados (Cooke, 1958).

6. *Momordica dioica* Roxb.

Cresce em locais de pluviosidade moderada e elevada. A planta foi colhida em Maharashtra e em Pune e arredores (Índia) em setembro de 2006. Após a recolha, foi levada para o Departamento de Botânica da Universidade de Pune e cortada em pequenos pedaços com uma faca limpa. Estes pedaços foram colocados em folhas e depois secos no forno a baixa temperatura. Os frutos de *Momordica* foram completamente secos no forno e a temperatura do forno foi controlada para evitar a decomposição dos constituintes químicos. Em seguida, foram triturados num misturador e armazenados em recipientes limpos e secos para análises fitoquímicas.

Caracteres botânicos:

Pertence à família dos pepinos - Cucurbitaceae.lt é uma planta perene dióica com raiz tuberosa. Os caules são delgados, ramificados, sulcados, glabros e brilhantes. As folhas são membranosas, de contorno amplamente ovalado, variável, cordadas na base, glabras, minuciosamente pontuadas e mais ou menos com 3-5 lóbulos. Os lóbulos são triangulares, ovados ou oblongos. As flores amarelas, dióicas (masculinas e femininas), são ósseas e isoladas. Os frutos têm 2,5 cm de comprimento, são elipsoides, ligeiramente bicudos, densamente equinados com espinhos moles. Quando maduros, adquirem uma tonalidade alaranjada e a casca seca e abre-se para expor arilos (tecido) escarlates brilhantes que envolvem as sementes castanhas ou brancas (Cooke,1958).

Práticas de colheita e pós-colheita. Os frutos jovens devem ser colhidos 8 a 10 dias após a abertura da flor, enquanto ainda estão firmes e verdes claros. Os frutos terão 10 a 15 cm de comprimento, 3,8 a 6,4 cm de diâmetro (dependendo da variedade) e pesarão 85 a 113 g (3 a 4 onças). Para além desta fase, os frutos tornam-se esponjosos, mais amargos e perdem o seu valor de mercado. O desenvolvimento de frutos maduros nas plantas pode reduzir a formação de novos frutos, pelo que a colheita deve ser suficientemente frequente para retirar os frutos na fase de comercialização correta. Se as sementes forem guardadas para as colheitas seguintes, pode deixar-se que alguns frutos amadureçam completamente após a colheita de mercado.

As recomendações de armazenamento do USDA são de 53° a 55°F (12° a 13°C) a 85 a 90 por cento de humidade relativa, com um tempo de armazenamento aproximado de 2 a 3 semanas. Os frutos devem ser manuseados e embalados com cuidado para evitar abrasões. Durante o armazenamento, devem ser isolados dos frutos que produzem grandes quantidades de etileno para evitar o amadurecimento pós-colheita.

7. *Portulaca oleracea* Linn.

A Portulaca oleracea é uma planta comestível, pelo que a maioria dos iranianos a consumia como vegetal. Verifica-se que o material vegetal cresce em localidades com pouca precipitação, como o sul do Irão. O material vegetal foi colhido no Sul do Irão, na cidade de Behbehan e arredores. O caule e as folhas desta planta foram separados e secos à sombra, de modo a evitar a composição de compostos químicos, triturados num misturador e armazenados em recipientes limpos e secos para análises fitoquímicas.

Caracteres botânicos: É um membro da família Portulacaceae, que consiste em mais de 120 espécies. É uma erva anual suculenta. Os caules têm 6-7 polegadas de comprimento, são avermelhados, inchados nos nós e bastante glabros. As folhas são carnudas, sub-sésseis, alternas ou subopostas, cuneiformes, arredondadas e truncadas. As poucas flores nascem juntas em cabeças terminais sésseis. (Cooke, 1958). Está muito difundida como erva daninha e foi classificada como a oitava planta mais comum no mundo (Coquilla, 1951). Tem um crescimento rápido, é autocompatível e produz um grande número de sementes que têm uma longa viabilidade.

A Portulaca tem uma longa história de utilização na alimentação humana, na alimentação animal e para fins medicinais (Salisbury, 1961). Atualmente, porém, a maioria das pessoas nas sociedades modernas limita a sua dieta a alguns vegetais cultivados, pelo que as plantas silvestres como a *Portulaca* tendem a ser subutilizadas. Investigações recentes indicam que *a Portulaca* oferece uma melhor nutrição do que os principais vegetais cultivados.

8. *Solanum indicum* Linn.

Solanum indicum foram colhidas no sul do Irão, na província de Khuzestan. Verificou-se que o material vegetal cresce em locais com pouca pluviosidade. As flores são de cor púrpura. Os frutos da planta foram recolhidos em recipientes frescos e secos e depois levados para o Departamento de Ciência e Tecnologia Alimentar da Universidade de Ramin. Os frutos foram secos à sombra, triturados num misturador e armazenados em recipientes limpos e secos para análise fitoquímica.

Caracteres botânicos: É vulgarmente designada por baga venenosa, planta da sombra nocturna indiana e planta do ovo africana. É um arbusto rasteiro muito ramificado. De 1 a 5 pés de altura, muito espinhoso. Os caules são muito robustos, frequentemente roxos e os ramos cobertos de pêlos estrelados. As folhas são ovadas, agudas, sub inteiras e esparsamente espinhosas em ambos os lados. A superfície superior está coberta de pêlos simples, enquanto a superfície inferior está coberta de pêlos estrelados. As flores de cor púrpura pálida são apresentadas em inflorescências racemosas extra axilares. Os frutos são bagas globosas (Cooke, 1958). Estes são consumidos como legumes. Além disso, as bagas são importantes do ponto de vista medicinal para as dores de dentes. As raízes e as folhas também são importantes do ponto de vista medicinal.

É conhecida a sua utilidade em muitas regiões do mundo, tanto na preparação de sopas como na medicina popular. Todas as partes da planta são úteis para a população; as suas folhas são utilizadas na preparação de sopas de legumes, enquanto os frutos são consumidos quando cozinhados com arroz na Indonésia. A raiz da planta é utilizada contra a bronquite, comichão, dores no corpo e asma e para curar feridas, enquanto as suas sementes são utilizadas para tratar a dor de dentes. O sumo dos legumes é utilizado no tratamento da gota, do reumatismo e da angina. É também utilizado como estético para o parto, para tratar tumores inflamatórios, tecidos cancerosos e no tratamento da doença de Parkinson. Os habitantes do Nepal utilizam-na como sedativo, enquanto os marroquinos a utilizam para estimular a memória.

Composição aproximada:
Os teores de cinzas e de gordura foram determinados pelos métodos 14004, 14009 e 14006 da Association of the Official Analytical Chemists (AOAC, 1984), respetivamente. O azoto foi determinado utilizando o método Kjeldahl. A quantidade de proteínas foi calculada como 6,25N (método 7015, (AOAC, 1984).

Análise química:
Para a análise química, foram feitas alíquotas de 0,5 g de peso fresco de cada amostra analisada. Foram feitas três réplicas a partir de alíquotas separadas. O cálculo da energia (kcal/100g de peso fresco) foi efectuado segundo o sistema de Atwater descrito pela Organização Mundial de Saúde (1985), multiplicando os valores obtidos para as proteínas, hidratos de carbono e gorduras por 4,00, 3,75 e 9,00, respetivamente; os resultados são expressos em kcal. A humidade foi determinada pelo método da estufa, secando uma amostra representativa de 5 g numa estufa a 105 °C durante 3 h. O teor de cinzas foi determinado pela incineração de uma amostra (4 g) numa mufla a 600 °C durante 3 h, até as cinzas ficarem brancas.

Extração de óleo vegetal:
Os óleos foram extraídos utilizando hexano como solvente. Hexano (1500 ml) foi adicionado a 500 g de plantas moídas e a extração foi realizada durante 24 horas à temperatura ambiente. Esta operação foi feita duas vezes para completar a extração do óleo das plantas. O solvente foi então removido por evaporador de vácuo rotativo e o óleo das plantas foi armazenado num recipiente escuro num frigorífico para as etapas subsequentes.

Determinação dos ácidos gordos dos óleos vegetais
Para determinar o perfil de ácidos gordos do óleo vegetal, o óleo foi metilado de acordo com o método

AOAC. As amostras metiladas (1 mL) foram injectadas num cromatógrafo de fase gasosa (CP9002; Chrompac) equipado com um detetor de ionização de chama (FID) e os ésteres metílicos de ácidos gordos foram separados utilizando WCOT de sílica fundida FFAP-CB (25 m60,32 mm 60,3 mm) e gás hélio como transportador com uma pressão de entrada de 75 kPa. O programa de temperatura foi o seguinte: aumento de 40 para 100 o C a uma taxa de 10 7C/min e manutenção durante 0,2 min, depois aumento para 240 °C a 257°C/min e manutenção durante 30 min. a 240 °C. As temperaturas do injetor e do detetor foram de 230 °C e 250 °C, respetivamente (Yang et al. 2002).

Teor de minerais:

O conteúdo mineral foi analisado com um analisador Perkin-Elmer (optima) 3000 DV com espetroscopia de emissão atómica de plasma acoplado por indução (ICPAES ;(Eknayake et al., 1999). A amostra (2 g) foi digerida com 20 ml de ácido nítrico concentrado (BDH-Aristar) até se obter uma solução transparente. O instrumento foi calibrado com padrões conhecidos e as amostras analisadas nos comprimentos de onda correspondentes. Foram efectuadas curvas-padrão de cinco pontos para todos os minerais analisados utilizando materiais de referência. A análise de regressão linear das curvas padrão indicou que eram lineares com coeficientes de correlação na gama de 0,997-0,999.

Determinação dos açúcares por cromatografia líquida

Os açúcares são determinados nos extractos combinados por cromatografia líquida de alta eficiência (HPLC) com um detetor universal de dispersão de luz por evaporação. Na fase móvel, utilizámos uma solução de acetonitrilo e água - numa proporção de 80/20 - previamente filtrada e desgaseificada, tal como a amostra. A coluna utilizada foi do tipo amino (Teknokroma, kromasil 100 NH2 5 pm 25x0,46 cm2), termostática a 30°C para evitar flutuações nas respostas do detetor. As condições de trabalho foram: caudal de 1,5 ml/min, temperatura do detetor de 130 °C e pressão de 40 mmHg. As análises foram efectuadas em lotes triplicados (Niaz, 1993).

Antes da determinação quantitativa e qualitativa dos açúcares na amostra, preparámos soluções padrão de diferentes açúcares: sacarose, glucose e frutose. Com essas soluções-padrão de diferentes açúcares, efectuámos linhas de calibração para cada um dos açúcares, que foram posteriormente utilizadas para avaliar as concentrações correspondentes aos diferentes picos nos cromatogramas.

Determinação da fibra

Princípio

A fibra bruta é a perda por ignição do resíduo seco remanescente após a digestão da amostra com soluções de H2SO4 a 1,25% (m/v) e NaOH a 1,25% (m/v), em condições específicas. O método é aplicável a materiais dos quais a gordura pode ser extraída e é extraída para obter um resíduo trabalhável, incluindo cereais, farinhas, farelos, alimentos para animais, materiais fibrosos e alimentos para animais de companhia.

Determinação das calorias

Foi calculado o valor calórico total. O valor calórico total é igual às calorias das gorduras + calorias das proteínas + calorias dos açúcares. Cada grama de gordura dá 9 kcal, cada grama de proteína dá 4kcal e cada grama de açúcar dá 4kcal.

Determinação de compostos fenólicos totais

Preparação de extractos de plantas (método B). O material vegetal seco moído (500 mg) foi pesado num tubo de ensaio. Foi adicionado um total de 10 ml de metanol aquoso a 80% e a suspensão foi ligeiramente agitada. Os tubos foram submetidos a ultra-sons durante 5 minutos e centrifugados durante 10 minutos (*1500* g), tendo os sobrenadantes sido recolhidos. Os materiais vegetais foram reextraídos duas vezes.

A quantidade de fenólicos totais nos extractos foi determinada de acordo com o procedimento de Folin-Ciocalteu (Singleton e Rossi, 1965). As amostras (0,5 ml, duas réplicas) foram introduzidas em tubos de ensaio; foram adicionados 2,5 ml do reagente de Folin-Ciocalteu e 2 ml de carbonato de sódio (7,5%). Os tubos foram misturados e deixados em repouso durante 30 minutos. Mediu-se a absorção a 765 nm. O conteúdo fenólico total foi expresso em equivalentes de ácido tânico em miligramas por grama de material seco.

Determinação dos inibidores da tripsina
De acordo com a AOCS 2005, as soluções utilizadas contêm hidróxido de sódio, tripsina, ácido
acético e BAPA, pelo método colorimétrico de absorção a 410 nm.
Determinação do teor de fitatos
O teor de fitato foi determinado pelo método de Wheeler e Ferrel (1971), com base na capacidade
do cloreto férrico padrão para precipitar o fitato em extractos diluídos de HCl dos produtos
hortícolas. Os fenóis totais foram extraídos aquecendo uma porção pesada (50-500 mg) da
amostra seca com 5 ml de HCl 1,2M em metanol aquoso a 50% durante 2 horas a 90 °C e
analisados pelo micrométodo de Folin-Ciocalteau (Slinkard e Singleton, (1977), Os resultados
foram expressos em mg de ácido gálico por 100 g de material vegetal seco.
Determinação da vitamina E
Esta avaliação foi efectuada segundo o método de S'anchez-Machado com uma pequena
modificação. Uma subamostra de 0,40 g (±0,001 g) foi pesada num tubo de ensaio com tampa de
rosca. Utilizaram-se duzentos microlitros de solução de pirocatecol como antioxidante.
Adicionaram-se cinco mililitros de solução de KOH (0,5M em metanol) e agitou-se
imediatamente em vórtice durante 20 s. Os tubos foram colocados num banho de água a 80 °C
durante 15 min, retirados de 5 em 5 min e agitados novamente em vórtice durante 15 s. Após
arrefecimento em água gelada, adicionou-se 1 ml de água destilada e 5 ml de hexano, agitou-se
rapidamente a mistura em vórtice durante 1 min e centrifugou-se durante 2 min a *425*g*. Três
mililitros da fase superior foram transferidos para outro tubo de ensaio e secos sob azoto. O
resíduo foi redissolvido em 3 ml da fase móvel da HPLC (68:28:4
(v/v/v)metanol:acetonitrilo:água), depois filtrado por membrana (porosidade 0,50p; Whatman,
Clifton, New Jersey, EUA). Finalmente, foi injectada uma alíquota de 20 ul na coluna de HPLC.
Antes da injeção, os extractos foram mantidos a -10 °C, ao abrigo da luz.
Solução-mãe padrão de a-tocoferol (0,5 mg/ml) preparada também em metanol a 100% e armazenada
a -10 °C, ao abrigo da luz.
Estimativa de alcalóides
  Pesar 5 g de amostra para um copo de 250 ml e adicionar 200 ml de ácido acético a 20% em etanol,
tapando-o e deixando-o em repouso durante 4 horas. Em seguida, filtrou-se e concentrou-se o extrato,
utilizando um banho de água, até um quarto do volume original. Em seguida, adicionou-se hidróxido
de amónio concentrado ao extrato, gota a gota, até à precipitação completa. Deixou-se assentar toda
a solução e o precipitado foi recolhido por filtração e pesado (Harborne, 1973).
  Deteção de aminoácidos por HPTLC
  Seguiu-se a técnica HPTLC para a análise qualitativa e a confirmação das substâncias químicas
presentes nas plantas estudadas (Passera et al.1964).
A HPTLC é uma técnica de separação versátil que inclui várias etapas, como indicado a seguir:
  1) Extração de plantas
  2) Seleção das placas HPTLC e do adsorvente
  3) Preparação da amostra
  4) Aplicação da amostra
  5) Desenvolvimento (separação)
  6) Deteção incluindo derivatização pós-cromatográfica
  7) Quantificação
  8) Documentação
  1) Extração de plantas:
    O primeiro passo na avaliação fitoquímica é a extração do material vegetal. A escolha do
  método de extração depende da natureza do material vegetal e do(s) composto(s) a isolar.
  2) Seleção das placas de HPTLC e do sorvente:
As placas pré-revestidas com diferentes materiais de suporte (vidro, alumínio, plástico) e com
diferentes camadas de sorvente estão disponíveis em diferentes formatos e espessuras em vários
fabricantes. Normalmente, as placas com uma espessura de adsorvente de 100 - 250 pm são utilizadas
para análises qualitativas e quantitativas. No entanto, para trabalhos de TLC preparativa, estão

disponíveis placas com espessura de adsorvente de 1,0 - 2,0 mm, para além de camadas quimicamente modificadas. Folha de alumínio (0,1 mm
de espessura) como suporte oferecem a mesma vantagem que o suporte de poliéster, mas com maior resistência à temperatura. No entanto, com eluentes que contenham uma elevada concentração de ácidos minerais ou amoníaco concentrado. Poderá haver problemas, uma vez que estes atacam quimicamente o alumínio. As folhas de alumínio são compatíveis com solventes orgânicos e ácidos orgânicos, como o ácido fórmico   e o ácido acético.

Tamanho da placa: Placas de TLC/HPTLC pré-revestidas com alumínio, com um tamanho de 20 x 20 cm. Recomenda-se sempre a limpeza das placas antes da cromatografia efectiva.

Ativação de placas pré-revestidas: Para a separação de compostos de extractos de ervas, são amplamente utilizadas placas pré-revestidas de sílica gel G 60, especialmente as impregnadas com fósforo (sílica gel F 254, E. Merck). Utilizando UV a 254 nm, os compostos resolvidos cujos espectros de absorção se sobrepõem ao espetro de excitação do fósforo são vistos como bandas escuras contra um fundo fluorescente amarelo-verde devido à extinção da fluorescência.

Normalmente, as placas TLC/HPTLC recém-abertas não necessitam de ativação. No entanto, as placas expostas a humidade elevada ou mantidas à mão durante muito tempo podem ter de ser activadas, colocando-as na estufa a 110-120°C durante 30 minutos antes da colocação da amostra.

3) Preparação da amostra:
A preparação correta da amostra é um pré-requisito importante para o êxito da separação cromatográfica em camada fina. O procedimento de preparação da amostra consiste em dissolver a forma de dosagem com uma recuperação completa do(s) composto(s) intacto(s) de interesse e um mínimo de matriz com uma concentração adequada de analítico(s) para aplicação direta na placa HPTLC. Além disso, a maximização do rendimento do(s) analítico(s) no solvente selecionado deve ser considerada e assegurada a estabilidade do analítico durante a extração e a análise. Por conseguinte, a escolha de um solvente adequado para uma determinada análise é muito importante. Para a cromatografia de fase normal utilizando placas pré-revestidas de sílica gel (mais de 80-90% das análises HPTLC são efectuadas utilizando sílica gel como adsorvente), o solvente para dissolver a amostra deve ser, tanto quanto possível, não polar e volátil. É preferível que o solvente seja o mais simples possível e que a quantidade utilizada seja limitada para garantir a extração completa da substância a analisar e o mínimo de componentes estranhos. As substâncias da amostra e de referência devem ser dissolvidas no mesmo solvente para garantir uma distribuição comparável nas zonas de partida (Stahl, 1969).

4) Aplicação da amostra:
A aplicação da amostra é o passo mais crítico para obter uma boa resolução para a quantificação por HPTLC. A amostra deve ser completamente transferida para a camada, mas o processo de aplicação não deve, em circunstância alguma, danificar a camada, uma vez que uma camada danificada resulta em manchas de forma irregular. Sempre que possível, recomenda-se a utilização de dispositivos de aplicação automática para a análise quantitativa. Ao utilizar capilares graduados, é necessário garantir que estes se enchem e esvaziam completamente.

Normalmente, recomenda-se a aplicação de um volume de 1-10 pl para TLC e de 0,5-5 para HPTLC, mantendo o tamanho da(s) zona(s) inicial(ais) no mínimo; 2-4 mm (TLC) e 0,5-1 mm (HPTLC) na gama de concentrações de 0,1-1 pg/pl para TLC/HPTLC. No entanto, o volume e a concentração dependem essencialmente do componente em análise e da sua sensibilidade às várias técnicas de deteção.

5) Desenvolvimento (fase móvel):
Verificou-se que a má qualidade do solvente utilizado na preparação da fase móvel diminui a resolução, a definição dos pontos e a reprodutibilidade Rf. A fase móvel, normalmente designada por sistema solvente, é tradicionalmente selecionada por um processo controlado de tentativa e erro e também com base na própria experiência no terreno. É frequentemente possível que algumas combinações de camada-solvente já referidas na literatura para compostos de interesse ou compostos semelhantes possam ser adequadas num determinado problema analítico com pequenas modificações. No entanto, não se deve esquecer que essas condições podem ter sido escolhidas devido à

disponibilidade e não à sua adequação, sendo frequentemente necessárias melhorias. No entanto, a fase móvel deve ser escolhida tendo em conta as propriedades químicas dos analíticos e da camada sorvente. A utilização de uma fase móvel que contenha mais de três ou quatro componentes deve normalmente ser evitada, uma vez que é frequentemente difícil obter proporções reprodutíveis de diferentes componentes.

Foram utilizadas fases móveis para:

Amino acids: -   n-butanol :   GAA   : Distilled Water

                    3   :   1   :   1

Steroids: -   Toluene :   Ethyl acetate : Formic acid

                   10   :   3   :   0.5

Saponin: -   Chloroform :   Methanol : Acetic acid :
D.W

                6.4   :   1.2   :   3.2   :

        0.8

Pré-condicionamento (saturação da câmara):

A saturação da câmara tem uma influência pronunciada no perfil de separação. Quando a placa é introduzida numa câmara insaturada, durante o desenvolvimento, o solvente evapora-se da placa principalmente na frente do solvente. Por conseguinte, será necessária uma maior quantidade de solvente para uma determinada distância, o que resulta num aumento dos valores de Rf. Se o tanque for saturado (por revestimento com papel de filtro) antes da revelação, os vapores de solvente são rapidamente distribuídos uniformemente por toda a câmara. Logo que a placa é colocada numa câmara saturada, fica pré-carregada com vapores de solvente, pelo que será necessário menos solvente para percorrer uma determinada distância, resultando em valores R_f mais baixos. O tempo necessário para a saturação dependerá da natureza e composição da fase móvel e da espessura da camada (o tempo de equilíbrio aumenta com o aumento da espessura da camada). Uma vez desenvolvido o cromatograma, este deve ser manuseado com o máximo cuidado. A aplicação de reagentes, se necessária, deve ser homogénea, assegurando uma reação uniforme e, finalmente, estabilizando

do produto final da reação (Sethi, 1996).

Se o aquecimento da placa após o tratamento com o reagente não for uniforme. Existe sempre o risco de a reação não ser homogénea na placa. Normalmente, são utilizados armários de secagem ou placas de aquecimento. As placas de aquecimento com uma gama de temperaturas regulada, isto é, 50-190° C + 2° C, são muito utilizadas para aquecer o cromatograma.

6) Deteção e visualização:

Logo que o processo de revelação esteja concluído, a placa é retirada da câmara que contém a fase móvel do solvente clorofórmio e evaporada para remover completamente a fase móvel. As zonas podem ser localizadas por vários métodos físicos, químicos e biológicos, ou seja, fisiológicos. Aparentemente, não há dificuldade em detetar substâncias coloridas ou incolores na região do ultravioleta (UV) de onda curta 254 nm e 366 nm ou com fluorescência intrínseca, como o sulfato de riboflavina e quinino. Os valores Rf e as cores das bandas resolvidas são registados e são estabelecidos perfis de impressões digitais. A identificação do marcador químico é efectuada por comparação do valor Rf, dos espectros de absorção, da resposta ao reagente derivatizante, *etc.* (Wagner et al. 1996).

7) Quantização:

(Relative factor) R$_f$ = $\dfrac{\text{Distance traveled by the solute}}{\text{Distance traveled by solvent}}$

As técnicas de pulverização e de imersão são utilizadas para aplicar reagentes de deteção.

No entanto, para além de outras razões a seguir enumeradas, a imersão é seguida de evaporação, o que é essencial tanto para a precisão como para a repetibilidade da análise quantitativa final. A amostra e o padrão são cromatografados na mesma placa em condições semelhantes.

Preparação dos reagentes de pulverização:

Reagente anisaldeído-ácido sulfúrico: Misturar o,5 ml de anisaldeído em 10 ml de ácido acético glacial, 85 ml de metanol e 5 ml de ácido sulfúrico em cone. Pulverizar a placa e aquecer a 100° C durante 5-10 min. Utilizar o reagente recentemente preparado (Wagner et al. 1996).

8) Documentação:

A utilização de um esquema de aplicação e a rotulagem de cada cromatograma pode evitar erros no que respeita à ordem de aplicação. É preferível aplicar cada amostra e solução de referência duas vezes, seguindo o método dos pares de dados. Pode utilizar-se um lápis de chumbo para escrever na cromatoplaca. A placa nunca deve ser marcada abaixo do ponto de partida, pois é provável que a camada se danifique, afectando a distribuição cromatográfica das substâncias em análise, o que pode, em última análise, conduzir a um erro de leitura. A melhor forma de marcar a cromatoplaca é fazê-lo acima do nível do ponto de solvente. Imediatamente após a conclusão da revelação, o ponto de solvente deve ser marcado nos bordos esquerdo e direito da placa, o que facilitará o cálculo dos valores Rf. A prática de fazer um risco em toda a camada já não é utilizada. O tipo de placa, o sistema de câmara, a composição da fase móvel, o tempo de funcionamento e o método de deteção devem ser registados. O formato do protocolo HPTLC apresentado no texto pode ser adotado para registar todos os dados relevantes

CAPÍTULO-IV
RESULTADOS E DISCUSSÃO

Comparação dos valores de proteínas, gorduras e calorias de plantas silvestres comestíveis

Se os valores de proteínas, gorduras e calorias de oito amostras de plantas silvestres comestíveis da presente investigação forem comparados, observa-se que *Asparagus* **32,69%** e *Portulaca* **23,47%** têm os valores de proteína mais elevados. *Chlorophytum* **4,54%**, *Eulophia* **5,44%** e *Alocacia* **5,7%** têm os valores proteicos mais baixos, enquanto *Momordica* **19,38%** tem valores proteicos médios.

Comparação de compostos fenólicos de plantas silvestres comestíveis

Se o conteúdo fenólico total de oito plantas silvestres comestíveis da presente investigação for comparado, observa-se que *Solanum indicum* **7,02mg/g** e *Portulaca oleracea* **5,86mg/g** têm o valor máximo de compostos fenólicos. A *Alocacia indica*, com **0,87 mg/g**, a *Cordia myxa*, com **4,02 mg/g**, e a Momordica *dioicia*, com **3,69 mg/g**, apresentam valores mínimos de compostos fenólicos. Enquanto que o Asparagus *officinalis* tem um valor médio de compostos fenólicos, ou seja, **3,17mg/g**.

Comparação dos valores de ácido fítico das plantas

Se o conteúdo de ácido fítico de oito plantas for comparado, revela-se que ***Portulaca oleracea Linn.*** 823,6 mg/100g tem o valor máximo e depois *Solanum indicum* 695,8 mg/100g tem o valor elevado e *Eulophia* tem 255,6 mg/100g o valor mínimo e as outras plantas apresentaram valores médios.

Comparação dos valores de cinzas de oito plantas diferentes

Os valores totais de cinzas de oito plantas silvestres comestíveis são comparados, verificando-se que a ordem dos valores de cinzas de *Alocacia indica, Asparagus officinalis, Chlorophytum comosum, Cordia myxa, Eulophia ochreata , Momordica dioicia, Portulaca oleracea e Solanum indicum* foram obtidos como 7,3%, 10,7%, 10,38%, 6,7%, 9,1%, 6,7%, 22,6% e 11,0% respetivamente.

Os valores mais elevados e mais baixos de cinzas foram, respetivamente, para *Portulaca oleracea* e *Momodica dioicia ou Cordia myxa*. O valor médio de cinzas foi obtido por *Eulophia ochreata* (9,1%).

Comparação dos valores de Na e K de oito plantas diferentes

O valor do teor de sódio da *Portulaca oleracea* foi máximo e o teor de sódio da *Momordica dioicia* ou da *Solanum indicum* foi mínimo. O teor de sódio da *Alocacia indica* foi médio.

O valor do teor de potássio da *Portulaca oleracia* foi máximo e o valor do teor de potássio da *Alocacia indica* foi mínimo. O teor de potássio da *CordiaMyxa* foi médio.

Comparação dos valores de cálcio das plantas

O valor do teor de cálcio da *Portulaca oleracea* foi máximo e o valor do teor de cálcio da *Momordica dioicia* ou da *Cordia myxa* foi mínimo. O valor do teor de *cálcio* da *Eulophia ochreata* foi médio.

Comparação entre o ferro e o zinco das plantas

O valor do teor de ferro de *Eulophia ochreata* foi máximo, enquanto *Momordica dioicia* apresentou um valor mínimo de ferro. *Chlorophytum comosum* apresenta uma quantidade média de zinco, enquanto *Eulophia ochreata* apresenta um valor máximo de zinco. *Cordia myxa* apresenta uma quantidade mínima de zinco. Quantidade de zinco, enquanto Asparagus *officinalis* apresentou um valor médio.

Valores nutricionais de oito plantas silvestres comestíveis diferentes do ponto de vista dos elementos

A Portulaca oleracea tem um valor nutricional elevado do ponto de vista dos macroelementos, porque é a planta que contém os macroelementos mais elevados, como o sódio, o potássio, o cálcio e também quantidades elevadas de cinzas, em comparação com outras plantas. A *Eulophia* tem um valor nutricional elevado do ponto de vista dos oligoelementos (micro), porque contém quantidades máximas de microelementos como o ferro e o zinco, em comparação com outras plantas. A *Momordica dioicia* ou a *Cordia myxa* têm um valor nutricional mínimo, porque contêm valores mínimos de cinzas, enquanto *a Momordica dioicia* apresenta valores mínimos de sódio e cálcio. A *Cordia myxa* tem um valor mínimo de zinco. *Alocacia indica, Asparagus officinalis, Chlorophytum comosum, Cordia Myxa* e

A Eulophia Ochreata tem um valor nutricional médio do ponto de vista dos oligoelementos.

Valores nutricionais de oito plantas silvestres comestíveis diferentes do ponto de vista das proteínas

A Portulaca oleraea e *o Asparagus officinalis* apresentam um elevado teor de proteínas, pelo que podem ter actividades enzimáticas elevadas. Além disso, *a Portulaca* tem um elevado valor de hormonas, de modo que estes componentes controlam as actividades genéticas e, por conseguinte, os teores de aminoácidos e proteínas serão aumentados. Portanto, podemos concluir aqui que as plantas que contêm um elevado valor proteico, podem aumentar os valores nutricionais direta e indiretamente.

Comparação dos valores de gordura de oito plantas silvestres comestíveis diferentes

Solanum tem o valor mais elevado de gordura (13,76%) e *Chlorophytum* tem o valor mínimo de gordura (2%). *A Portulaca* apresenta um valor médio de gordura, aproximadamente (5,26%) e as outras plantas silvestres comestíveis têm valores baixos de gordura.

Comparação dos valores calóricos de oito plantas silvestres comestíveis diferentes

A Momordica e *a Cordia* apresentam valores máximos de calorias (4125/83Kcal/Kg) e (4067/94 Kcal/Kg), respetivamente. *A Portulaca* tem um valor calórico mínimo (2913/82 Kcal/Kg) e as outras plantas silvestres comestíveis apresentam valores calóricos médios entre 3514/4Kcal/Kg e 3647/23Kcal/Kg. Por conseguinte, *os espargos* e *a Portulaca* têm um valor nutricional máximo do ponto de vista dos valores calóricos.

Valores nutricionais de diferentes plantas silvestres comestíveis do ponto de vista das gorduras.

Solanum indicum tem o valor nutricional máximo do ponto de vista dos valores de gordura. A qualidade do óleo vegetal é melhor do que a do óleo animal. Os óleos vegetais contêm ácidos gordos essenciais, como os ácidos linoleico, linolénico, ro-3 e roi-6. Por isso, são úteis para os tecidos do corpo. *Solanum indicum* tem valores nutricionais máximos do ponto de vista do óleo, em comparação com as outras plantas. Porque a planta tem o melhor óleo (gordura) do ponto de vista da qualidade e da quantidade.

Importância dos valores nutricionais de oito plantas silvestres comestíveis

Os valores nutricionais de Solanum *indicum, Cordia Myxa, Momordica dioicia* e *Asparagus officinalis* não foram destruídos nas fases de colheita e pós-colheita. Por conseguinte, os valores nutricionais em *Portulaca oleracea* e *Asparagus officinalis* foram observados em alta qualidade. Por conseguinte, estes vegetais comestíveis são recomendados para consumo em grande escala. Porque têm um elevado teor de proteínas, quantidades de gordura e valores calóricos elevados. Observa-se que a maioria dos povos iraniano e indiano prefere estes legumes na sua dieta diária.

Comparação dos resultados da análise fitoquímica de *Asparagus officinalis* com os de outros investigadores

Duke e Ayensu (1985) referiram que o caule *de Asparagus officinalis* contém 26 calorias por 100 g, água: 91,7%; Proteína: 2,5 g; Gordura: 0,2 g; Hidratos de carbono: 5 g; Fibra: 0,7 g; Cinzas: 0,6 g; Cálcio: 22 mg; Ferro: 1 mg; Sódio: 2 mg; Potássio: 278 mg e Zinco: 00,00 mg.

Os teores de proteína e de zinco no nosso estudo são superiores aos resultados obtidos por Duke e Ayensu (1985). Esta diferença entre os resultados pode dever-se a condições como, por exemplo, locais ecológicos diferentes.

Comparação dos resultados da análise fitoquímica de *Momordica* e *Cordia* com outros trabalhadores

Os resultados da presente investigação indicaram que as quantidades fenólicas totais (antioxidantes) de *Momordica dioicia* (**396mg/100g**) e de *Cordia myxa* (**402 mg/100g**) são superiores às quantidades fenólicas totais de outros legumes (Kaur e Kapoor, 2002). O conteúdo fenólico total de *Solanum indicum* (**702 mg/100g**) foi superior ao conteúdo fenólico total (Sellappan et al. 2002 e Sun et al. 2002).

Por conseguinte, a capacidade antioxidante de *Solanum indicum* é elevada e a capacidade antioxidante de *Alocacia indica* é baixa.

Comparação dos resultados dos teores de fibra de diferentes plantas comestíveis

Os resultados dos teores de fibra do presente estudo mostraram que o teor de fibra é menor em *Portulaca oleracea* (8 g %) e máximo em *Cordia myxa* (27,7 g %). O teor de fibras dos frutos de *Solanum indicum* e *Cordia myxa* é de 23,9 e 25,7 g%, respetivamente. O teor de fibra de vegetais como *Eulophia ochreata* e *Portulaca oleracea* situa-se entre 22,9 g% e 8 g%. A percentagem de fibra foi mínima em *Portulaca oleracea* (8%) e máxima em *Cordia myxa* (25,7%). A % de fibra foi moderada em *Chlorophytum comosum* (17,24%). A percentagem de TDF foi elevada em *Momordica dioica* (21,3%), *Eulophia ochreata* (22,9%) e *Solanum indicum* (23,9%). A percentagem de TDF foi baixa em *Alocacia indica* (11,05%) e foi relativamente elevada em *Asparagus officinalis* (18,5%).

Comparação do teor de açúcares em diferentes plantas silvestres comestíveis

Os resultados das presentes investigações dos teores de glucose, frutose e sacarose foram elevados em *Cordia myxa* 9,38%, 12,75% e 29,09%, respetivamente. Enquanto o teor de amido foi elevado em *Alocacia indica* (60,41%). Os teores de frutose e glucose foram baixos em *Portulaca oleracea* 0,86% e 0,01%, respetivamente. Enquanto o teor de sacarose não foi detectado em *Asparagus officinalis* e *Portulaca oleracea*, o teor de amido foi baixo em *Cordia myxa* (5,86%).

Comparação dos teores de sacarose de oito plantas silvestres comestíveis diferentes

Os vegetais como os *espargos, a Portulaca, a Momordica Eulophia* e o *Solanum* apresentaram o teor mais baixo de dissacáridos, enquanto *a Cordia* apresentou o máximo de sacarose nos seus frutos.

Os valores de sacarose noutras plantas são muito baixos, o que pode ser devido a uma hidrólise parcial da sacarose.

A *Alocacia* tem um elevado valor calórico e nutricional porque tem um elevado teor de amido e de açúcares totais.

Comparação da análise fitoquímica de antinuentes de *Solanum* com outros trabalhadores

Oboh et al. (2003) efectuaram uma análise de antinutrientes de folhas frescas de *Solanum indicum*. O resultado de Oboh et al. (2003) mostrou que as folhas não transformadas de *Solanum indicum* contêm 40,4 mg/100g de fitato. Se compararmos com os resultados de fitato obtidos nesta investigação (6,96 mg/g), verifica-se que os valores anti-nutricionais de *Solanum indicum* no nosso estudo foram muito inferiores aos de *Solanum indicum* referidos por Oboh et al.

Importância do inibidor de tripsina das plantas como anti-nutriente

Se os teores de inibidores de tripsina forem comparados, observa-se que *Portulaca e Eulophia* têm o valor máximo (com 16,9TIU/g) e *Asparagus* tem o valor mínimo (com 0,8TIU/g). *Solanum, Momordica e Alocacia* têm quantidades elevadas de inibidores de tripsina, respetivamente. Os valores elevados de inibidor de tripsina das amostras não estão relacionados com os valores elevados de proteína das plantas. Embora *os espargos* contenham o valor máximo de proteína, têm o valor mínimo de anti-nutriente (inibidor de tripsina).

Importância dos valores calóricos *de Alocacia* e *Momordica*

A *Alocacia indica* e a *Momordica dioica* apresentaram os valores energéticos mais elevados, com 343,05 kcal/100 g e 311,5 kcal/100 g, respetivamente. Os resultados também indicam que 50% dos legumes têm valores energéticos significativos que variam entre 281,4 e 303,9 kcal/100 g. O teor de proteínas varia entre 4,54 g/100 g em *Chlorophytum comosum* e 32,69 g/100 g em *Asparagus officinalis*

Importância das quantidades de gordura de oito plantas comestíveis diferentes

A comparação dos resultados obtidos a partir da análise dos ácidos gordos do óleo de plantas comestíveis mostrou que o óleo *de Solanum* tem o valor nutricional mais elevado, porque contém elevados teores de ácido linoleico e ácido oleico, e o óleo de espargos tem um valor nutricional elevado, o óleo *de Alocacia* tem um valor nutricional médio e o óleo de *Portulaca* tem um valor nutricional baixo, porque contém apenas ácidos gordos saturados, como o ácido esteárico e o ácido palmético. Qualquer óleo vegetal comestível contém ácido linolénico.

Yang et al. 2002 referiram que os teores de ácido linoleico e de ácido linolénico nos *espargos* e na *Portulaca* eram de 70mg/100g, 6mg/100g, 89 mg/100g e 405 mg/100g. Neste estudo, não foram detectados os teores de ácido linoleico e de ácido linolénico nos *espargos* e na *Portulaca*. A comparação dos resultados comunicados por Yang et al. com os resultados do presente estudo mostrou que os teores de ácido linoleico e de ácido linolénico dos *espargos* e da *Portulaca* obtidos no trabalho de Yang et al. foram superiores aos resultados comunicados.

Gangidi et al. 2004 relatou o conteúdo de ácido palmético (0,81) e ácido esteárico (0,20) de Portulaca em mg/g de peso húmido. A comparação dos resultados deste estudo com os resultados relatados por Gangidi Artemis, 2004, mostrou que o conteúdo de ácido palmético (34,48%) e ácido esteárico (21,71%) da *portulaca* neste estudo foi maior do que os resultados relatados por Gangidi

Comparação da análise fitoquímica da *Portulaca* com a de outros trabalhadores

Se os valores de compostos fenólicos antioxidantes relatados por (Choi, 2002) forem comparados, observa-se que os valores obtidos no presente As investigações mostram níveis relativamente elevados de compostos fenólicos antioxidantes em *P. oleracea* e *Solanum indicum.*

Comparação dos resultados dos minerais com os de outros trabalhadores

As plantas como A. *officinalis, P. oleracea, S. indicum* e C. *comosum* apresentam boas quantidades de minerais. Os valores dos minerais obtidos no presente estudo são comparados com os resultados de Ogle e Grivetti, 1985; Boukari et al.2001 e Glew et al.1997) e observa-se que há variações nos valores dos minerais. Este facto pode ser influenciado pelas práticas agrícolas e pelas condições ambientais prevalecentes. Muitas vezes, as diferenças podem ser atribuídas à idade das plantas na colheita, que afecta a sua composição genética (Nordeide et al. 1996). As concentrações de minerais excedem 2% do peso seco da planta e são geralmente muito mais elevadas do que as concentrações típicas de minerais em produtos hortícolas comestíveis convencionais.

Estas descobertas levantaram a possibilidade de os legumes tradicionais poderem ser utilizados como uma forma concentrada de suplementos nutricionais de minerais essenciais. A forma do mineral nos vegetais também pode oferecer um benefício potencial, uma vez que a biodisponibilidade ou quantidade de mineral absorvido e utilizado pelo organismo. Esta pode ser modificada devido à disponibilidade da fonte mineral. Embora os componentes vegetais, como os fitatos, possam interferir com a absorção de minerais pelo organismo, os vegetais são geralmente considerados fontes superiores de suplementos minerais. (Ranhotra et al.1998).

Os alcalóides são registados em *Solanum indicum* e *Asparagus officinalis*. O teor de alcalóides de *Solanum* é máximo (0,856%), enquanto o teor de alcalóides de *Asparagus* é mínimo (0,021%).

Tabela 1: Lista das plantas selecionadas para a presente investigação.

Não.	Nome das plantas	Parte(s) da planta utilizada(s)	Família	País
1.	Alocada indica Sch.	Caule	Araceae	Índia
2.	Espargo (Asparagus officinalis DC.)	Caule	Liliaceae	Irão
3.	Chlorophytum comosum Linn.	Tubérculos de raiz	Liliaceae	Irão

4.	**Cordia myxa Roxb.**	Frutos	Boragináceas	Irão
5.	**Eulophioa ochreata Lindl.**	Tubérculos	Orquidáceas	Índia
6.	**Momordica dioica Roxb.**	Frutos	Cucurbitáceas	Índia
7.	**Portulaca olerácea Linn.**	Caule e folhas	Portulacacea e	Irão
8.	**Solanum indicum Linn.**	Frutos	Solanáceas	Irão

Quadro 2: Teores totais de ácido fítico e de inibidores de tripsina de diferentes plantas silvestres comestíveis.

Nome das plantas	Ácido fítico mg/100g	Inibidor da tripsina (TIU/g)
Alocada indica Sch.	312.4	7.9
Espargo (Asparagus officinalis DC.)	340.8	0.8
Chlorophytum comosum Linn.	468.8	4.7
Cordia myxa Roxb.	248.0	1.39
Eulophia ochreata Lindl.	255.6	3.1
Momordica dioica Roxb.	284.2	9.3

Portulaca olerácea Linn.	823.6	16.9
Solanum indicum Linn.	695.8	10.6

Quadro 3: Conteúdo total de fenólicos (antioxidantes) e vitamina E (antioxidante) de diferentes plantas silvestres comestíveis.

Nome das plantas	Fenólicos totais mg/g	Vitamina E mg/100g
Alocada indica Sch.	0.87	N.D
Espargo (Asparagus officinalis DC.)	3.17	6.56
Chlorophytum comosum Linn.	1.36	N.D
Cordia myxa Roxb.	4.02	2.2
Eulophia ochreata Lindl.	2.43	6.32
Momordica dioica Roxb.	3.69	4.5
Portulaca olerácea Linn.	5.86	11.6
Solanum indicum Linn.	7.02	N.D

Quadro 4: Conteúdo de proteínas, gorduras, cinzas totais e fibras de diferentes plantas silvestres comestíveis.

Nome das plantas	Proteínas	Gorduras	Cinza total	Fibras

	(%)	(%)	(%)	(%)
Alocada indica Sch	5.7	3.29	7.3	11.05
Espargo (Asparagus officinalis DC)	32.69	3.44	10.7	18.5
Chlorophytum comosum Linn	4.54	2.0	10.38	17.24
Cordia myxa Roxb	8.32	2.2	6.7	**25.7**
Eulophia ochreata Lindl	5.44	3.25	9.1	22.9
Momordica dioica Roxb	19.38	4.7	6.7	21.3
Portulaca olerácea Linn	23.47	5.26	22.6	**8.0**
Solanum indicum Linn	12.85	13.76	11.0	23.9

Tabela 5: Teores de açúcares, amido e hidratos de carbono totais de diferentes plantas silvestres comestíveis.

Nome das plantas	Glucose g/100g	Frutose g/100g	Sacarose g/100g	Amido g/100g	Hidratos de carbono totais g/100g
	2.1	8.06	2.09		
Alocada indica Sch				**60.41**	**72.66**
Espargo (Asparagus officinalis DC.)	1.53	6.86	**N.D**	26.28	**34.67**
Chlorophytum comosum Linn.	3.41	7.82	3.07	51.54	65.84

Cordia myxa Roxb.	**12.75**	**9.38**	**29.09**	**5.86**	57.08
Eulophia ochreata Lindl.	1.48	1.62	0.46	55.75	59.31
Momordica dioica Roxb.	1.47	3.97	0.23	42.25	47.92
Portulaca olerácea Linn.	**0.01**	**0.86**	**N.D**	39.8	40.67
Solanum indicum Linn.	3.19	5.21	0.59	29.5	38.49

Tabela 6: Teor de **ácidos gordos** de diferentes plantas silvestres comestíveis.

Nome do plantas	Ácidos gordos				
	Linoleico ácido	Oleico ácido	Estearic ácido	Palmético ácido	Linolénico ácido
Alocada indica Sch.	D.N	68.16	17.97	9.24	D.N
Espargo (Asparagus officinalis DC.)	9.6	66.12	D.N	15.95	D.N
Chlorophytum comosum Linn.	D.N	D.N	D.N	D.N	D.N

Cordia myxa Roxb.	D.N	D.N	D.N	V?	D.N
Eulophia ochreata Lindl.	D.N	D.N	D.N	D.N	D.N
Momordica dioica Roxb.	D.N	D.N	N.D	D.N	D.N
Portulaca olerácea Linn.	D.N	D.N	21.78	34.48	D.N
Solanum indicum Linn.	62.29	8.6	18.83	10.26	D.N

Tabela 7: Valores energéticos de gordura de diferentes plantas silvestres comestíveis.

Nome das plantas	Teor de gorduras g/100g	Valores energéticos kcal/g	Valores energéticos kcal/100g
Alocada indica Sch	3.29	9	29.61
Espargo (Asparagus officinalis DC.)	3.44	9	30.96
Chlorophytum comosum Linn.	2.0	9	18

Cordia myxa Roxb.	2.2	9	19.8
Eulophia ochreata Lindl.	3.25	9	29.25
Momordica dioica Roxb.	4.7	9	42.3
Portulaca olerácea Linn.	5.26	9	47.34
Solanum indicum Linn.	13.76	9	123.84

Tabela 8 Valores energéticos das proteínas de diferentes plantas silvestres comestíveis

Nome das plantas	Teor de proteínas g/100g	Valores energéticos kcal/g	Valores energéticos de kcal/100g
Alocada indica Sch.	5.7	4	22.8
Espargo (Asparagus officinalis DC.)	32.69	4	130.76
Chlorophytum comosum Linn.	4.54	4	18.16

Cordia myxa Roxb.	8.32	4	33.28
Eulophia ochreata Lindl.	5.44	4	21.76
Momordica dioica Roxb.	19.38	4	77.52
Portulaca olerácea Linn.	23.47	4	93.88
Solanum indicum Linn.	12.85	4	51.4

Tabela 9 Valores energéticos dos hidratos de carbono totais de diferentes plantas silvestres comestíveis.

Nome das plantas	Hidratos de carbono totais em g/100g	Valores energéticos kcal/g	Valores energéticos de kcal/100g
Alocada indica Sch.	72.66	4	290.64
Espargo (Asparagus officinalis DC.)	34.67	4	138.68
Chlorophytum comosum Linn.	65.84	4	263.36
Cordia myxa Roxb.	57.08	4	228.32
Eulophia ochreata Lindl.	59.31	4	237.24

Momordica dioica Roxb.	**47.92**	**4**	**191.68**
Portulaca olerácea Linn.	**40.67**	**4**	**162.68**
Solanum indicum Linn.	**38.49**	**4**	**153.96**

Tabela 10 Valores energéticos de gorduras, proteínas e hidratos de carbono totais de diferentes plantas silvestres comestíveis.

Nome das plantas	Gorduras valores energéticos de kcal/100g	Proteínas valores energéticos de kcal/100g	Valores energéticos de kcal/100g de hidratos de carbono totais	Total valor energético de kcal/100g
Alocada indica Sch.	**29.61**	**22.8**	**290.64**	**343.05**
Espargo (Asparagus officinalis DC.)	**30.96**	**130.76**	**138.68**	**300.4**
Chlorophytum comosum Linn.	**18**	**18.16**	**263.36**	**299.52**
Cordia myxa Roxb.	**19.8**	**33.28**	**228.32**	**281.4**

Eulophia ochreata Lindl.	29.25	21.76	237.24	288.25
Momordica dioica Roxb.	42.3	77.52	191.68	311.5
Portulaca olerácea Linn.	47.34	93.88	162.68	303.9
Solanum indicum Linn.	123.84	51.4	153.96	329.2

Quadro 11 Percentagem calórica de gorduras de diferentes plantas silvestres comestíveis.

Nome das plantas	Teor de gorduras em g/100g	% de energia do teor de gorduras kcal/100g
Alocada indica Sch.	3.29	8.43
Espargo (Asparagus officinalis DC.)	3.44	8.06
Chlorophytum comosum Linn.	2.0	4.9
Cordia myxa Roxb.	2.2	4.9

Eulophia ochreata Lindl.	**3.25**	**8.0**
Momordica dioica Roxb.	**4.7**	**10.3**
Portulaca olerácea Linn.	**5.26**	**16.2**
Solanum indicum Linn.	**13.76**	**31.4**

Quadro 12 Percentagem calórica de proteínas de diferentes plantas silvestres comestíveis.

Nome das plantas	Teor de proteínas em g/100g	% de energia do teor proteico kcal/100g
Alocada indica Sch.	**5.7**	**6.5**
Espargo (Asparagus officinalis DC.)	**32.69**	**34.03**
Chlorophytum comosum Linn.	**4.54**	**4.98**
Cordia myxa Roxb.	**8.32**	**8.18**
Eulophia ochreata Lindl.	**5.44**	**5.95**

Momordica dioica Roxb.	**19.38**	**18.79**
Portulaca olerácea Linn.	**23.47**	**32.22**
Solanum indicum Linn.	**12.85**	**13.02**

Quadro 13 Percentagem calórica de açúcares de diferentes plantas silvestres comestíveis.

Nome das plantas	Teor de açúcares totais em g/100g	% de energia deTotal de açúcar kcal/100g
Alocada indica Sch.	**72.66**	**82.71**
Espargo (Asparagus officinalis DC.)	**34.67**	**36.09**
Chlorophytum comosum Linn.	**65.84**	**72.21**
Cordia myxa Roxb.	**57.08**	**56.13**
Eulophia ochreata Lindl.	**59.31**	**64.86**

Momordica dioica Roxb.	**47.92**	**46.46**
Portulaca olerácea Linn.	**40.67**	**55.83**
Solanum indicum Linn.	**38.49**	**38.99**

Tabela 14 Resultados deHPTLC de Aminoácidos, Saponinas e Esteróides de diferentes plantas silvestres comestíveis.

Nome das plantas	Aminoácidos	Saponinas	Esteróides
Alocada indica Sch.	1	Detectado	N.D
Espargo (Asparagus officinalis DC.)	4	Detectado	Detectado
Chlorophytum comosum Linn.	N.D	N.D	Detectado
Cordia myxa Roxb.	1	N.D	N.D
Eulophia ochreata Lindl.	1	N.D	N.D
Momordica dioica Roxb.	4	N.D	N.D

Portulaca olerácea Linn.	4	N.D	N.D
Solanum indicum Linn.	3	N.D	N.D

GRÁFICO N.º 1: Percentagem de cinzas totais de diferentes plantas silvestres comestíveis

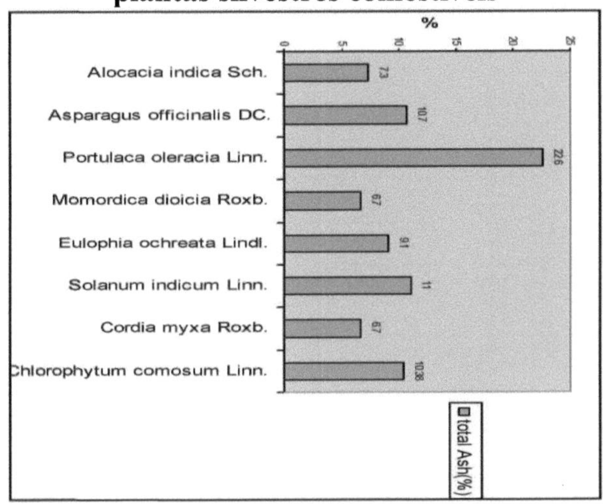

GRÁFICO N.º 2: Teor de cálcio de diferentes plantas silvestres comestíveis

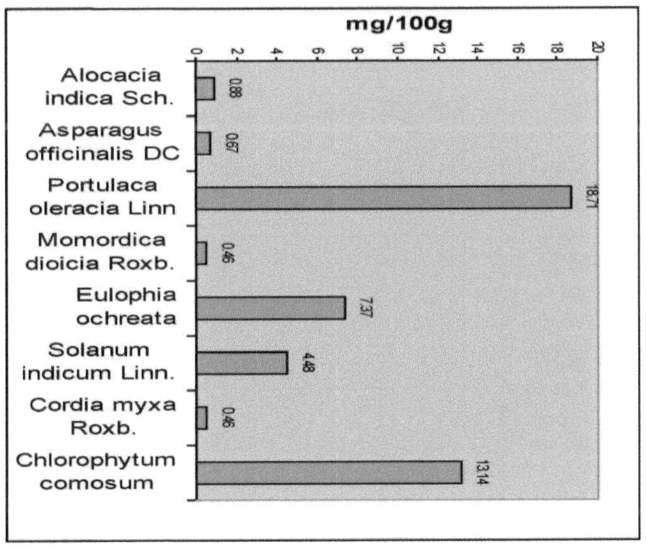

GRÁFICO N.º 3: Teor de potássio de diferentes

plantas silvestres comestíveis

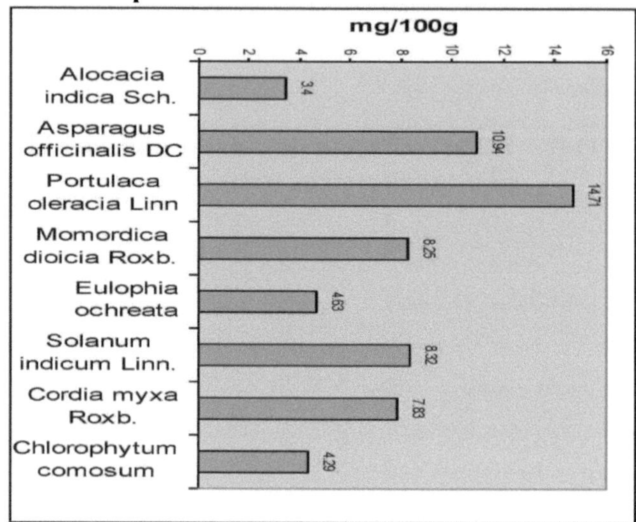

GRÁFICO N.º 4: Teor de sódio de diferentes plantas silvestres comestíveis

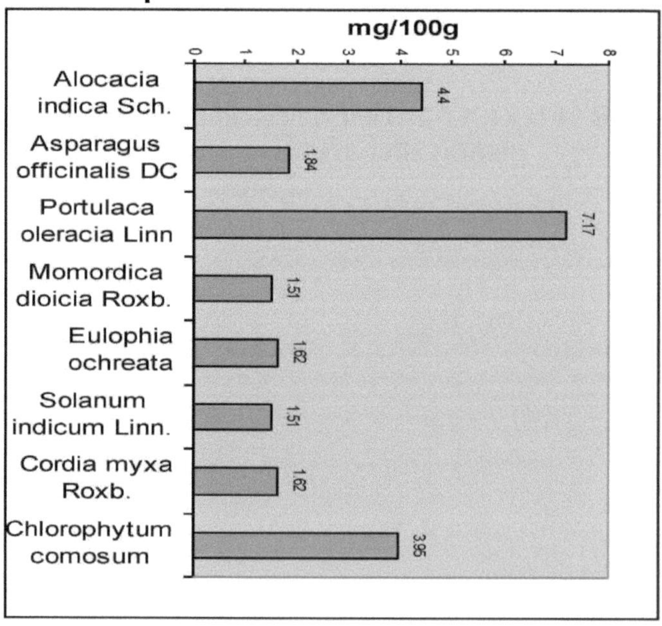

GRÁFICO N.º 5: Comparações de macroelementos de diferentes plantas silvestres comestíveis

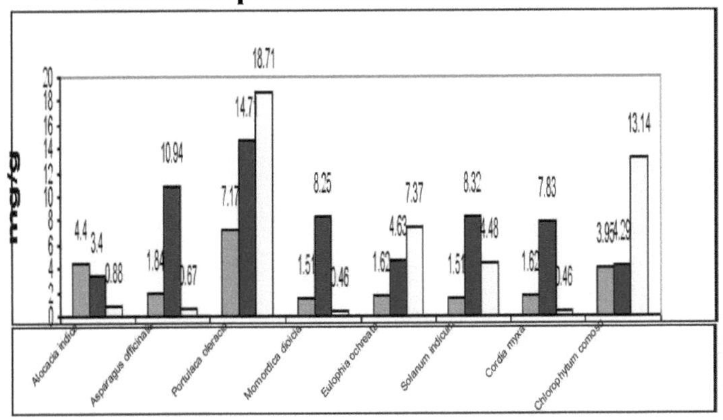

GRÁFICO N.º 6: Teor de zinco de diferentes plantas silvestres comestíveis

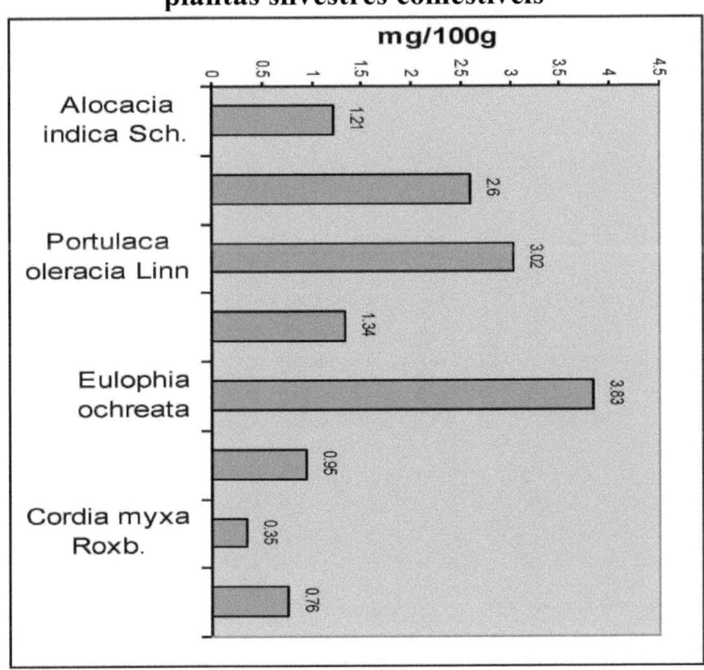

GRÁFICO N.º 7: Teor de ferro de diferentes plantas silvestres comestíveis

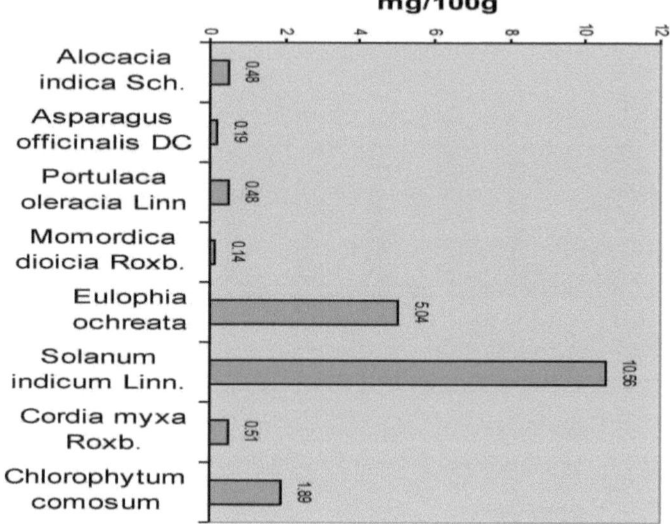

GRÁFICO N.º 8: Comparações de microelementos de diferentes plantas silvestres comestíveis

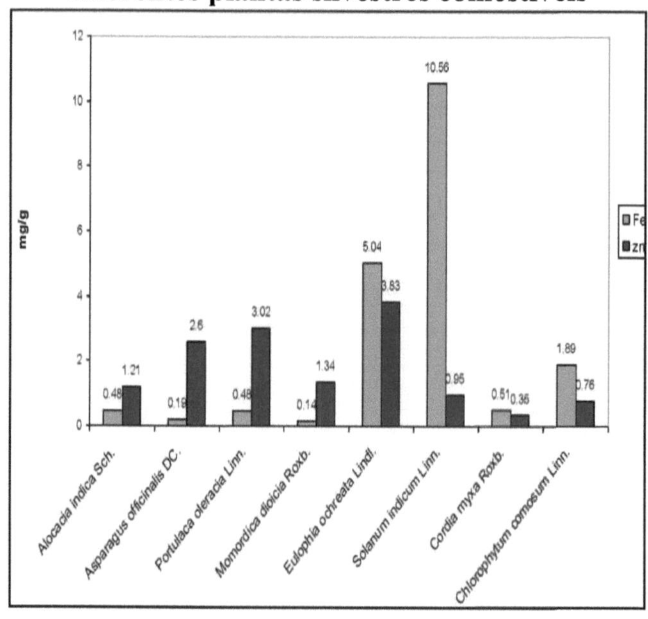

GRÁFICO N.º 9: Teor de amido de diferentes plantas silvestres comestíveis

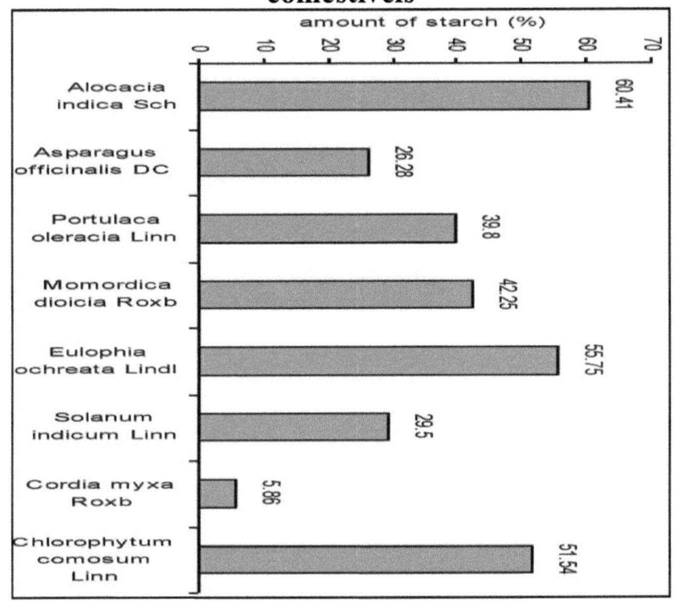

GRÁFICO N.º 10: Teor de glucose de diferentes plantas silvestres comestíveis

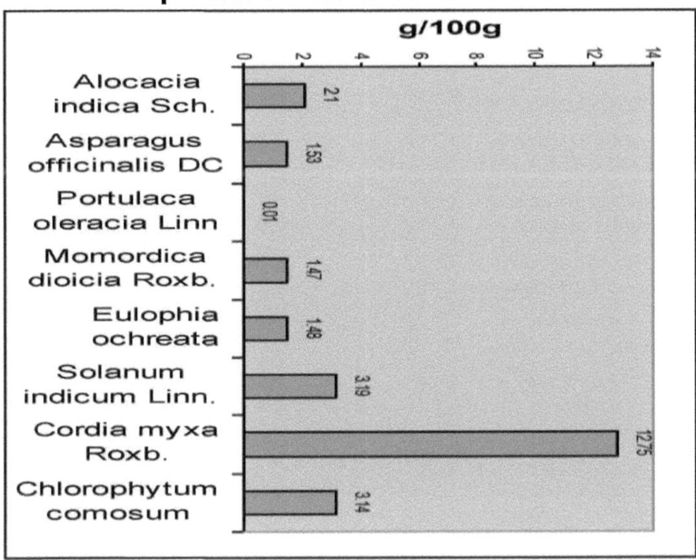

GRÁFICO N.º 11: Teor de frutose de diferentes plantas silvestres comestíveis

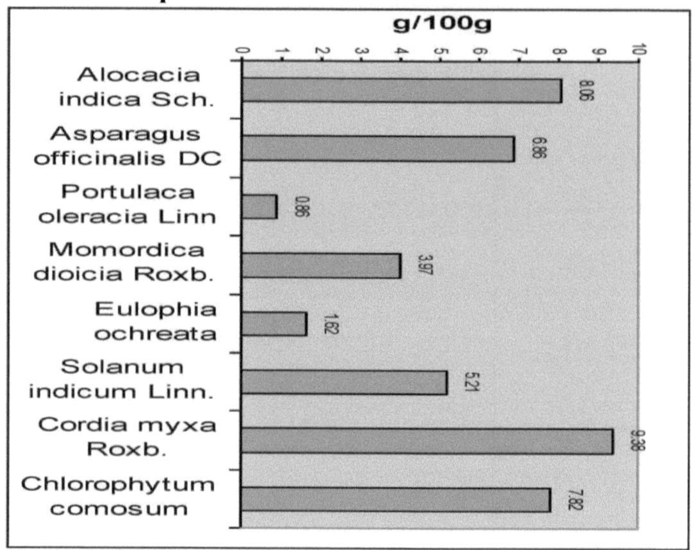

GRÁFICO N.º 12: Teor de sacarose de diferentes plantas silvestres comestíveis

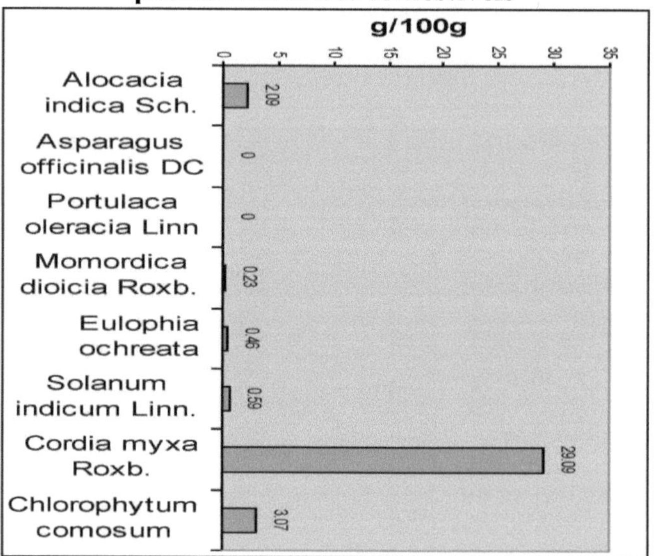

GRÁFICO N.º 13: Teor de hidratos de carbono totais de diferentes plantas silvestres comestíveis

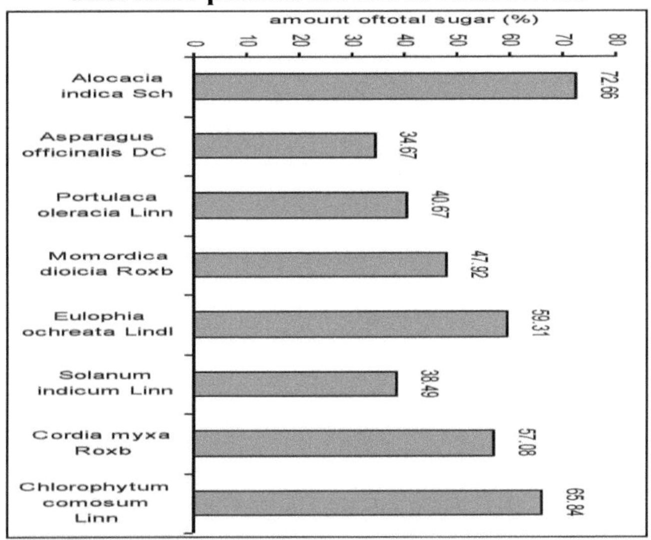

GRÁFICO N.º 14: Teor de fibras de diferentes plantas silvestres comestíveis

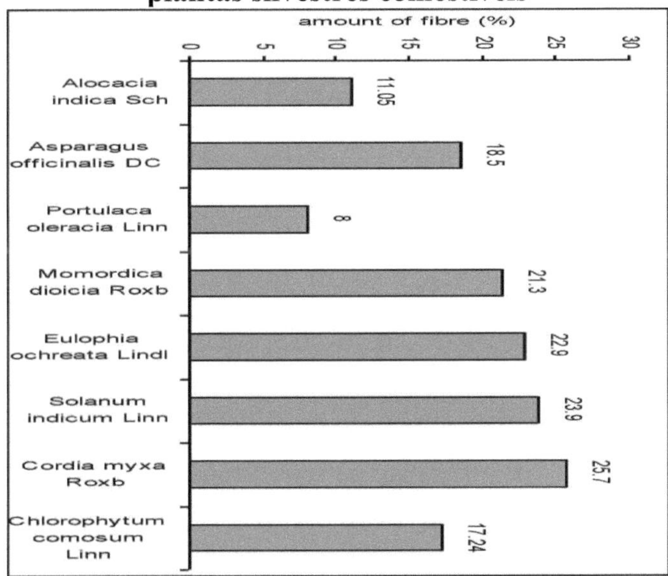

GRÁFICO N.º 15: Teor de proteínas de diferentes plantas silvestres comestíveis

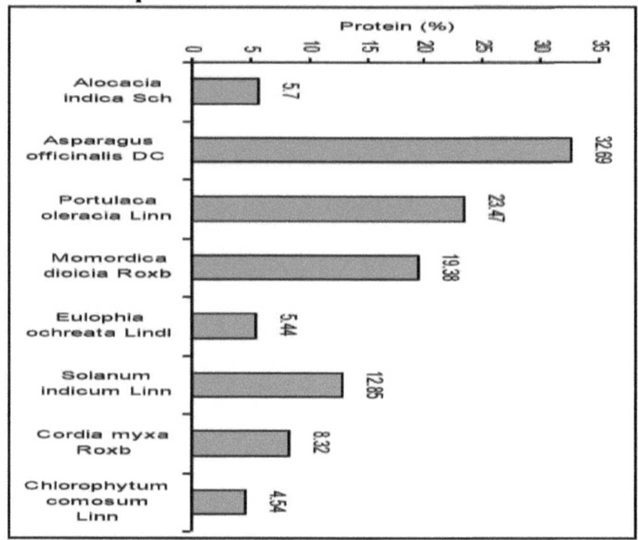

GRÁFICO N.º 16: Calorias de diferentes plantas silvestres comestíveis

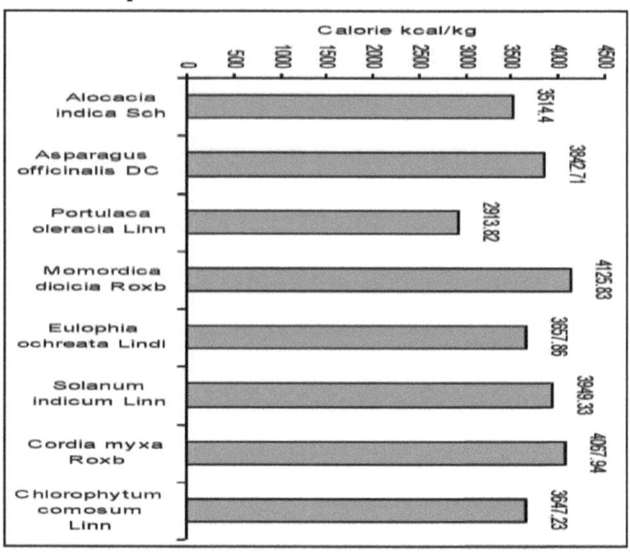

GRÁFICO N.º 17: Teor de gorduras de diferentes plantas silvestres comestíveis

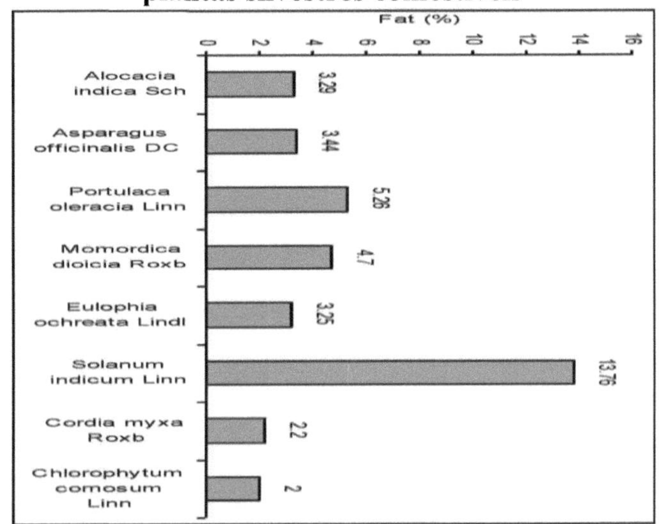

GRÁFICO N.º 18: Teor de inibidores de tripsina de diferentes plantas silvestres comestíveis

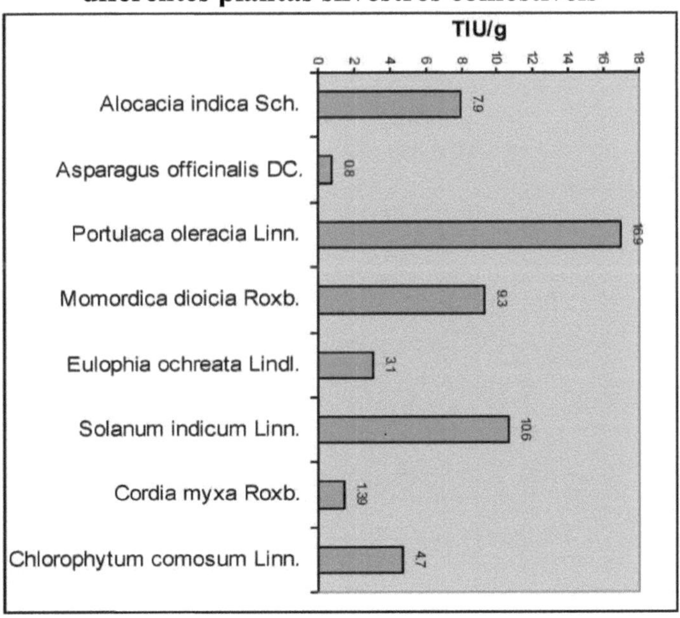

<h1 style="text-align:center">GRÁFICO N.º 19: Teor de vitamina E de diferentes plantas silvestres comestíveis</h1>

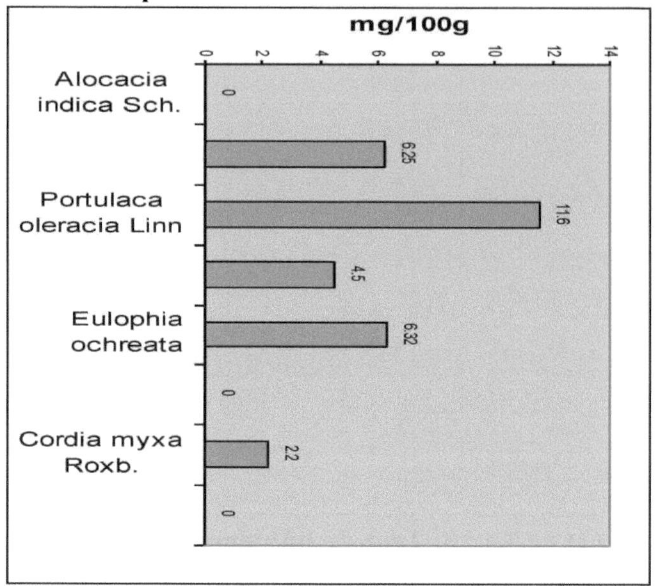

<h1 style="text-align:center">GRÁFICO N.º 20: Teor de fenólicos totais de diferentes plantas silvestres comestíveis</h1>

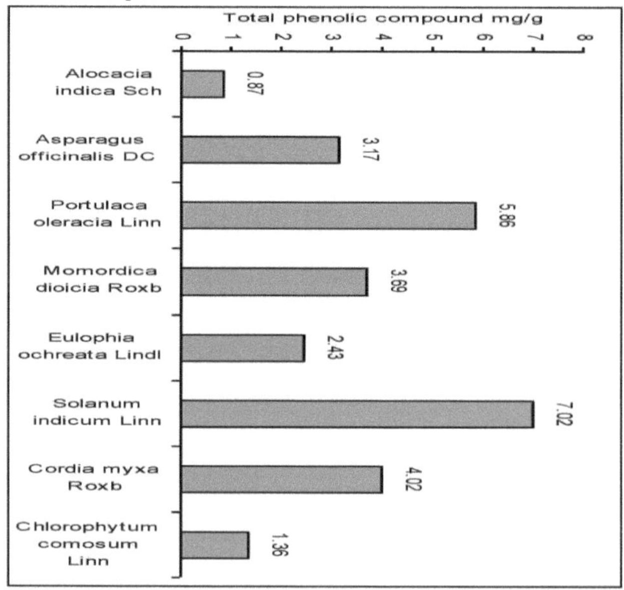

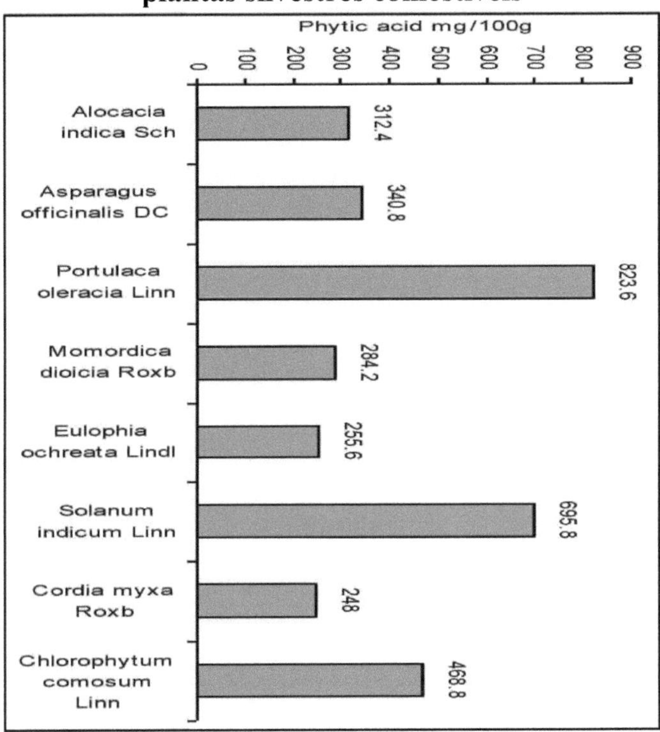
Phytic acid mg/100g
0
100
200
300
400
500
600
700
800
900
Alocacia indica Sch
312.4
Asparagus officinalis DC
340.8
Portulaca oleracia Linn
823.6
Momordica dioicia Roxb
284.2
Eulophia ochreata Lindl
255.6
Solanum indicum Linn
695.8
Cordia myxa Roxb
248
Chlorophytum comosum Linn
468.8

RESUMO E CONCLUSÃO

Temos de confiar nas plantas alimentares que nos fornecem os nutrientes de que necessitamos. Os hidratos de carbono, as proteínas, as gorduras, as vitaminas e os minerais são necessários para uma boa saúde. A maior parte das plantas fornecem-nos todos estes nutrientes em quantidades suficientes e em proporções adequadas. A bio-nutrição inclui o estudo de todas estas substâncias químicas e dos seus recursos naturais.

O homem sempre recorreu às plantas para o ajudar. Alimentos, forragem, abrigo, medicamentos e todas as necessidades da sua vida, o homem tem utilizado as plantas. As plantas desempenharam um papel importante em quase todas as civilizações e culturas antigas e actuais. Os antigos descobriram as propriedades das plantas para os seus cuidados de saúde. Algumas plantas são utilizadas para fins medicinais, enquanto outras são utilizadas pelos seus valores nutritivos. Assim, o homem adquiriu conhecimentos desde tempos imemoriais através dos instintos humanos, de métodos de tentativa e erro e de observações atentas.

Inicialmente, o homem comia todos os alimentos crus, mais tarde assava os alimentos, fervia os alimentos e utilizava-os para consumir. As populações primitivas e étnicas têm os seus próprios folclores e contos populares sobre plantas silvestres comestíveis. Para investigar os valores nutritivos de algumas plantas silvestres comestíveis do Irão e da Índia, foi selecionado o presente tópico. As plantas seguintes foram selecionadas para investigação conducente ao grau de doutoramento.

Não.	Nome Botânico	Parte(s) da planta utilizada(s)	Família	País
1.	*Alocada indica* Sch.	Caule	Araceae	Índia
2.	*Espargo (Asparagus officinalis* DC.)	Caule	Liliaceae	Irão
3.	*Chlorophytum comosum* Linn.	Tubérculos de raiz	Liliaceae	Irão
4.	*Cordia myxa* Roxb.	Frutos	Boragináceas	Irão
5.	*Eulophia ochreata* Lindl.	Tubérculos	Orquidáceas	Índia
6.	*Momordica dioica* Roxb.	Frutos	Cucurbitáceas	Índia

| 7. | *Portulacaoleracea* Linn. | Caule e folhas | Potulacaceae | Irão |
| 8. | *Solanum indicum* Linn. | Frutos | Solanáceas | Irão |

Metodologia:

As plantas silvestres comestíveis selecionadas foram colhidas em várias localidades de Maharashtra (Índia) e do Irão. Três plantas silvestres comestíveis foram colhidas na Índia, como *Alocacia indica, Momordica dioica* e *Eulophia ochreata*, enquanto cinco plantas silvestres comestíveis foram colhidas no Irão, *como Asparagus officinalis, Chlorophytum comosum, Cordia myxa, Portulaca oleracea* e *Solanum indicum*. Foram feitos esforços para recolher estas plantas em condições de floração e frutificação para uma identificação botânica correta. Foram selecionadas partes de plantas comestíveis saudáveis e isentas de doenças, que foram secas à sombra para evitar a decomposição dos compostos químicos nelas presentes. Todo o material seco foi pulverizado num triturador e armazenado em recipientes herméticos separadamente para estudo posterior da química alimentar das plantas. Todas as plantas foram colhidas em três estações diferentes nos respectivos locais da Índia e do Irão. Os resultados são a média das três estações diferentes.

A análise proximal, as gorduras brutas, os ácidos gordos, as fibras brutas, as proteínas e os minerais foram analisados de acordo com os métodos padrão da AOAC (1984). Enquanto os aminoácidos, esteróides, saponinas, vitaminas e açúcares foram estimados com a ajuda dos métodos HPTLC e HPLC. Os fitatos e os fenólicos totais foram estimados de acordo com os métodos de De Turk (1984) e Slinkard e Singleton (1977), respetivamente. O inibidor de tripsina foi determinado de acordo com o método padrão da AOCS (2005). Os alcalóides foram estimados de acordo com o método padrão de Harborne (1973).

Resultados e discussão:

Os valores totais de cinzas de oito amostras como *Alocacia indica, Asparagus officinalis, Chlorophytum comosum, Cordia myxa, Eulophia ochreata, Momordica dioica, Portulaca oleracea* e *Solanum indicum* foram obtidos como 7,3%, 10,7%, 10,38%, 6,7%, 9,1%, 6,7%, 22,6% e 11,0%, respetivamente. A partir das cinzas totais, foram analisados macroelementos como **Na, K** e **Ca** e microelementos como **Zn** e **Fe**.

A Portulaca oleracea contém o valor máximo de sódio, enquanto *a Momordica dioica* e *a Solanum indicum* contêm valores mínimos de sódio. *A Alocacia indica* contém um valor médio de sódio (4,4 mg/g). *A Portulaca oleracea* contém o valor máximo de potássio e *a Alocacia indica* contém o valor mínimo de potássio. Enquanto *a Cordia myxa* contém um valor médio de potássio (7,83 mg/g). *A Portulaca oleracea* contém o valor máximo de cálcio e *a Momordica dioica* e *a Cordia myxa* contêm o valor mínimo de cálcio. De acordo com as normas **AOAC** e **AOCS**, os valores dos macroelementos obtidos nas plantas estudadas são comparativamente inferiores, pelo que a biodisponibilidade não foi investigada no presente estudo.

Por conseguinte, observa-se que *a Portulaca oleracea* contém um elevado valor de macroelementos, como o sódio, o potássio, o cálcio, bem como um elevado valor de cinzas, em comparação com outras plantas deste estudo. Por conseguinte, *a Portulaca oleracea* tem um elevado valor nutricional do ponto de vista dos macroelementos.

A Eulophia ochreata contém o valor máximo de ferro e *a Momordica dioica* contém uma quantidade mínima de ferro. Enquanto *Chlorophytum comosum* contém um valor médio de ferro (1,89mg/g). *Eulophia ochreata* contém o valor máximo de zinco e *Cordia myxa* contém uma quantidade menor de zinco, enquanto *Asparagus officinalis* contém um valor médio de zinco (2,60mg/g).

A Eulophia ochreata tem o máximo de microelementos, como o ferro e o zinco, em comparação com outras plantas deste estudo. Por conseguinte, tem um elevado valor nutricional do ponto de vista dos microelementos.

Momordica dioica e *Cordia myxa* têm o valor nutricional mínimo, porque têm valores mínimos de cinzas, *Momordica dioica* tem os valores mínimos de sódio e cálcio, mas *Cordia myxa* tem o valor mínimo de zinco. *A Alocacia indica, o Asparagus officinalis, o Chlorophytum comosum, a Cordia myxa* e *a Eulophia ochreata* têm valores nutricionais médios do ponto de vista de cada elemento.

Observa-se que *o Espargo* (32,69%) e *a Portulaca* (23,47%) têm os valores mais elevados de proteína, respetivamente. Enquanto Chlorophytum (4,54%), *Eulophia* (5,44%) e *Alocacia* (5,7%) têm os valores proteicos mais baixos. *Momordica* (19,38%) tem um valor proteico médio. Por conseguinte, *os espargos* e *a Portulaca* têm o valor nutricional mais elevado no que diz respeito às proteínas. Exceto *Chlorophytum*, os aminoácidos estão presentes em todas as amostras viz. *Momordica* (4), *Portulaca* (4), *Espargos* (4), *Solanum* (3), *Eulophia* (1), *Cordia* (1) e *Alocacia* (1).

Portanto, podemos concluir que as plantas que contêm quantidades elevadas de proteínas, estas proteínas aumentarão os valores nutricionais direta e indiretamente.

Solanum tem o valor máximo de gordura (13,76%) e *Chlorophytum* tem o valor mínimo de gordura (2%). Em *Portulaca,* o valor de gordura foi aproximadamente médio (5,26%) e as outras amostras têm valores mínimos de gordura. *Solanum indicum tem* a maior qualidade e quantidade de óleo (gordura). Por conseguinte, tem os valores nutricionais mais elevados do ponto de vista do óleo, em comparação com as outras plantas deste estudo.

A análise dos ácidos gordos na presente investigação mostrou que o óleo *de Solanum* tem o valor nutricional mais elevado, porque contém elevados teores de ácido linoleico e ácido oleico. Enquanto o óleo de espargos tem um valor nutricional elevado e o óleo *de alocácia* tem um valor nutricional médio. O óleo *de Portulaca* tem baixo valor nutricional, porque contém apenas ácidos gordos saturados, como o ácido esteárico e o ácido palmético. O óleo das outras plantas comestíveis contém ácido linolénico.

A Momordica (4125/83Kcal/Kg) e *a Cordia* (4067/94 Kcal/Kg) têm os valores calóricos mais elevados e *a Portulaca* (2913/82 Kcal/Kg) tem os valores calóricos mais baixos. Enquanto outras amostras têm valores calóricos médios (3514/4Kcal/Kg- 3647/23Kcal/Kg).

Observa-se que *Solanum indicum* tem os compostos fenólicos mais elevados (7,02mg/g), seguido de *Portulaca oleracea*, que *tem* compostos fenólicos elevados (5,86mg/g), enquanto *Alocacia indica* tem menos compostos fenólicos (0,87mg/g). *Cordia myxa (4,02mg/g)*, *Momordica dioica (*3,69mg/g) e *Asparagus officinalis* (3,17mg/g) têm valores médios de compostos fenólicos. É revelador o facto de *Portulaca oleracea* ter um valor máximo (823,6 mg/100g) seguido de Solanum *indicum* (695,8 mg/100 g) com um valor elevado. Enquanto *Eulophia* tem um valor mínimo (255,6 mg/100g).

Observa-se que os valores mais elevados de frutose, glucose, sacarose e fibra da *Cordia myxa* são 9,38%, 12,75%, 29,09% e 25,7%, respetivamente. Mas o seu valor de amido é muito baixo (5,86%). Os valores de frutose, glucose, sacarose e fibra de *Portulaca oleracea* foram mínimos 0,86%, 0,01%, N.D. (não detectado) e 8%, respetivamente. Mas o seu valor de amido foi elevado (39,8%). O valor do amido de *Alocacia indica* foi máximo (60,41%). *A Alocacia indica* e *o Asparagus officinalis* têm uma quantidade máxima e mínima de açúcares totais, ou seja, 72,66% e 34,67%, respetivamente. Por conseguinte, o valor energético obtido a partir do valor total de açúcares em *Alocacia indica* foi o mais elevado, mas os valores energéticos obtidos a partir das suas proteínas e gorduras foram muito inferiores. O valor energético obtido a partir da gordura e da proteína em *Solanum indicum* e *Asparagus officinalis* é o mais elevado, ou seja, (123,84 kcal/100g) e (130,76 kcal/100g), respetivamente.

Por conseguinte, os valores de energia total obtidos a partir de gorduras, proteínas e açúcares em *Alocacia indica* e *Cordia myxa foram* 343,05 kcal/100g e 281,4 kcal/100g, os valores mais elevados e menos elevados, respetivamente.

Observa-se que *a Portulaca* tem o valor mais elevado (16,9TIU/g) e *os espargos* têm o valor mais baixo (0,8TIU/g). *Solanum, Momordica* e *Alocacia* têm os valores mais elevados de inibidor de tripsina, respetivamente. Os valores elevados do inibidor de tripsina das amostras não estão relacionados com valores elevados de proteínas.

Os espargos têm o valor máximo de proteínas e o valor mínimo deste anti-nutriente (inibidor da tripsina).

Observa-se que *a Portulaca* tem o valor máximo de vitamina E (11,5 mg/100g). Mas em *Solanum, Chlorophytum* e *Alocacia* não foram detectados. *A Portulaca* tem os valores máximos de compostos fenólicos e vitamina E. Por conseguinte, esta planta tem a propriedade antioxidante mais elevada. A propriedade antioxidante confere à planta um elevado prazo de validade.

Os alcalóides foram registados em *Chlophytum comosum* e *Solanum indicum*. Os alcalóides são mais abundantes em *Solanum indicum* do que em *Chlorophytum comosum*, enquanto os esteróides estavam presentes em *Chlophytum* e *Asparagus* e as saponinas foram registadas *em Asparagus* e *Alocacia*, respetivamente.

Por conseguinte, podemos concluir que *Solanum indicum, Cordia myxa, Momordica dioica* e *Asparagus officinalis* têm valores nutricionais elevados. Mas *Portulaca oleracea* e *Asparagus officinalis* têm valores máximos de proteínas, gorduras e calorias. Por conseguinte, estas plantas têm valores nutricionais máximos e são recomendadas como legumes comestíveis para os consumidores.

Com base nos resultados da presente investigação, foram publicados três artigos no **Pakistan Journal of Nutrition e no Journal of Food Analytical Methods (América)**.

Os resultados assim obtidos são apresentados na tese como se segue.

O Capítulo **I** trata da "Introdução". O Capítulo **II** é constituído pela "Revisão da Literatura". O Capítulo **III** trata do "Material e Métodos" utilizados. O Capítulo **IV** dá conta das "Observações". O Capítulo **V** trata dos "Resultados e Discussão". O Capítulo **VI** apresenta o "Resumo e conclusão" e o Capítulo **VII** incorpora as "Referências"

REFERÊNCIAS

Abdulla, M. 1981. Nutrient intake and health status of vegans: chemical analyses of diets using the duplicate portion sampling technique. *AmericanJour. Clinical Nutrition,* **34**:2464-2477.

Abdulla, M. 1984.Nutrient intake andhealth status of lacto-vegetarians: chemical analyses of diets using the duplicate portion sampling *technique AmericanJour. ClinicalNutrition,* **40** (2):325-338

Ali, M. e Tsou, S., 2000. A abordagem integrada de investigação do Centro Asiático de Investigação e Desenvolvimento de Vegetais (AVRDC) para melhorar a biodisponibilidade dos micronutrientes. *Food and Nutrition Bulletin.* **21**: 472-481.

Al-Maroof, R.A.e Al-Sharbatti, S.S.2006. Níveis séricos de zinco em pacientes diabéticos e efeito da suplementação de zinco no controlo glicémico de diabéticos de tipo 2. *Saudi Med J.* **27**(3):344-50.

Afanas'ev. 1989.Potapovitch, Chelating and free radical scasvenging mechanisms of inhibitory action of rutin and quercetininin lipid per oxidation, *Biochem. Pharrmacol.***38**: 1763-1769.

Al-Khaliffa, A.S.1996. Physiochemical characteristics, fatty acid composition and lipoxygenase activity of crude pumpkin and melon seed oils, *Journal of Agricultural and Food Chemistry,* **44**: 964-966.

Amarowicz, 2004. Capacidade de eliminação de radicais livres e atividade antioxidante de espécies vegetais selecionadas das pradarias canadianas, *Food Chern.* **84**: 551-562.

Ames, B.Gold Ls. 1996. A mãe tinha razão, pelo menos em relação aos frutos e legumes. *Chem. Healsaf* **3**: 17-21.

Amrein, T.M.: B. Bachmann, A. Noti, M. Biedermann, M. Ferraz Barbosa e S. Biedermann 2003. Potencial de formação de acrilamida, açúcar e asparaginas livres em batatas: uma comparação de cultivares e sistema de cultivo, *Journal of Agricultural and Food Chemistry* **51**: 55565560.

AOCS 2005. Métodos oficiais e práticas recomendadas da American Oil Chemist's Society. InD. Fisentone. (4th ed.) Champaign: AOCS Press.

Association of Official Analytical Chemists, official methods of analytical 15th Edn.,1984. Arlington,Virginia,U.S.A., 1137-1139.

Asami, Hong, Barrett e Mitchell, 2003. Comparação do teor de fenólicos totais e ácido ascórbico de bagas de Marison liofilizadas e secas ao ar, morango e milho utilizando práticas agrícolas convencionais, orgânicas e sustentáveis, *J.Agric. Food Chem.* **51**: 1237-1241.

Becker B.1983, The contribution of wild plants to human nutrition in the Ferlo, Northern Senegal. *Sistemas Agroflorestais*; **1:257-267**.

Bazzano M. 2002. Fruits and vegetables intake and risk of cardiovascular disease in US adults: the first National Health and Nutrition Examination Survey Epidemiologic follow-up study. *Am. J. Clin Nutr.***76**: 93-97.

Becker, B. 1986. Wild plants for human nutrition in the Sahelian Zone. *Journal of Arid Environments,* **11**:61-64.

Benavente- Garcia, 1997. Usos e propriedades dos flavonóides de citrinos, *J. Agric. Food Chem.* **45**: 4505-4515.

Benzie, I.F.F. e Szeto, Y.T.1999. Total antioxidant capacity of teas by the ferric reducing/antioxidant power assay, *Journal of Agricultural and Food Chemistry,* **47**: 633-636.

Berdeaux, O.; Voinot, L; Angioni, E; Juaneda, P e Sebedio J.L, 1998.A simple method of preparation of methyl trans-10,cis-12 and cis- 9,trans-11 octadienoates from methyl linoeate. *JAm Oil Chem Soc* **75**:1749-1755.

Bhaskarachary, K. Rao, D.S.S. Deosthale, Y.G. e Reddy, V.1995. Carote.ne content of some common and less familiar foods of plant origin, *Food Chemistry*:**54**.

Black, D.A.e Fraser, C.M.1999. Iron deficiency anaemia and aspirin use in old age. *Br.J.Gen.Prac.* **49**(446):729-730.

Black, M.M. Baqui, A.H.e Zaman, K.2004. A suplementação com ferro e zinco promove o desenvolvimento motor e o comportamento exploratório em *bebés* do Bangladesh. *Am.J.CUn.Nutr.* **80**(4):903-910.

Boland, R.L.1986. As plantas como fonte de vitamina D₃ metabolitos. *Nutr. Apoc.* **44**:1-8.

Bravo, L. 1998. Polyphenols: chemistry, dietary sources, metabolism, and nutritional significance, *Nutrition Reviews.* **56**:317-333.

Breinholt, 1999. Níveis desejáveis ou prejudiciais de ingestão de flavonóides e ácidos fenólicos. In: J. Kumpulainen e J.E. Salonen, (Eds.) Natural Antioxidants and Anticarcinogens in Nutrition, Health and disease. *TheRoyal Society ofChem, Cambridge*,**37**: 190-197.

Bridle, P. e Timberlake, C.F., 1997. Anthocyanins as natural food colours - selected aspects. *Food Chemistry.* **58**:103-109.

Bush, R. K., Taylor, S. L., Nordlee, J. A. e Busse, W. W., 1985. Soybean oil is not allergenic to soybean-sensitive individuals. *Journal of Allergy and Clinical Immunology.* **76**: 242-245.

Campbell, B.M.1987. A utilização de frutos silvestres no Zimbabué. *Botânica Económica.* **41**:375-385.

Cao, G. Sofic,E. e Prior, R.L.1996. Antioxidant capacity of tea and common vegetables, *Journal ofAgricultural and Food Chemistry.* **44** (11): 3426-3431.

Charlees, F. S. 1920. Useful wild plants of the United States and Canada. Nova Iorque Robert M. Mcbride & Co.

Clifford, M. 1999. Revisão dos ácidos clorogénicos e outros cinamatos - natureza, ocorrência e carga alimentar. *J. Sci. Food andAgric,* **79**: 362372.

Cooke, T.1958. The Flora of the presidency ofBotany, Botanical Survey ofIndia. Vols. I, II & III.

Coquillat, M. 1951. Bull. Mens Soc. Linn. Lyon 21:165.

Darmon, N., Ferguson, E. e Briend, A., 2002. Linear and nonlinear programming to optimize the nutrient density of a population's diet: an example based on diets of preschool children in rural Malawi. *American Journal of Clinical Nutrition* **75**:245-253.

Datta, S.C. 1988. Systematic Botany, 4th Edition. Wiley Eastern Ltd., Nova Deli, Índia: 418-421.

Delgado-vargas,F., Jiménez, A.R. e Paredes-López, O., 2000. Pigmentos naturais: Carotenóides, antocianinas e betalaínas - caraterísticas, biossíntese, processamento e estabilidade. *Critical Reviews in Food Science and Nutrition.* **403**:173-289.

Duke, J. A. e Ayensu. E. S.1985, *Medicinal Plants of China* Reference Publications, Inc ISBN 0-917256-20-4.

Duthie, 2000. Plant polyphenols in cancer and heart disease: Implications as nutritional antioxidants, *Nut. Res. Rev.* **13**: 79-106.

Edmonds, J. e Chweya, J.1995. Solanum nigrum L. e espécies afins. Promoção da conservação e utilização de culturas subutilizadas e negligenciadas.

Ekanayake, E.R. andB.M. Nair, 1999. proximate composition, mineral and amino acid content of mature Canavalia gladiata seeds, *Food Chem.,* **66**:115-119.

Elliot, W.R. e Jones, D.L.1995. Encyclopedia of Australian Plants. 7, Lothian Books, Sydney: 443.

Ezekwe, M.O. Omara-Alwala, T.R. e Membrahtu, T. 1999. *Alimentos vegetais Hum. Nutr.* **54:** 183-191.

FAO 1998. Carbohydrates in human nutrition-FAO/WHO expert consultation on carbohydrates in human nutrition. Documento da FAO sobre Alimentação e Nutrição

66. Roma, Itália: FAO.

FAO, 1997. Preventing micronutrient malnutrition: a guide to food based dietary approaches. Washington: FAO & ILSI.

Flintoff-Dye, L e Omaye , T. 2005. Efeitos antioxidantes dos isómeros do ácido linoleico conjugado nas lipoproteínas de baixa densidade humanas. *Nutr. Res.* **25**: 112.

Organização das Nações Unidas para a Alimentação e a Agricultura (FAO) 2004. O Estado da insegurança alimentar no mundo: monitorização dos progressos rumo à cimeira mundial da alimentação e aos objectivos de desenvolvimento do milénio Relatório anual Roma.

Comité de Alimentação e Nutrição 2002. Dietary, functional and total fiber. In Institute ofMedicine (Eds.), Dietary reference intakes for energy, carbohydrate, fiber, fat, fatty acids, cholesterol, protein, and amino acids (macronutrientes) Washington, DC, EUA: National Academy Press: 265334.

Friedman, M., 2003. Chemistry, biochemistry, and safety of acrylamide. A review, *Journal of Agricultural and Food Chemistry* 51:4504-4526.

Friedman, M.; Roitman, J.N. e N. Kozukue, 2003. Glycoalcaloids and calystegine contents of eight potato cultivars, *Journal of Agricultural and Food Chemistry* **51**: 2964-2973

Friedman, M.1998. Polifenóis da batata: papel na planta e na dieta. In: F. Shaidi, *Editor, Antinutrients andphytochemicals in food*, American Chemical Society, Washington, DC: 61-93.

Fukumoto, L.R. e Mazza, G. 2000. Avaliação das actividades antioxidantes e prooxidantes e dos compostos fenólicos, *Journal of Agricultural andFood Chemistry.* **48** :3597-3604.

Galli, C. Simopoulos, A.P. e Tremoli, E. 1994.Fatty Acids and Lipids from Cell Biology To Human DiseaseWorld. *Rev. Nutr.* Diet:**75**.

Gemedo, D. Brigitte, L. Maass e Johannes I. 2OO5.Plant biodiversity and ethnobotany ofBorana pastoralists in Southern Oromia, *Ethiopia EconomicBotany.* **59**:43-65.

George, F., Figueiredo, P., Toki, K., Tatsuzawa, F., Saito, N. e Brouillard, R., 2001. Influência da isomerização trans-cis de substituintes do ácido cumárico na variação e estabilização da cor em antocianinas. *Phytochemistry.* **57**: 791-795.

Gibson, R.S. 1994. Zinc nutrition in developing countries. *Nutrition ResearchReviews* 7. 151-173.

Gillman, S. 1995. Protective effect of fruits and vegetables on development of stroke in men (Efeito protetor da fruta e dos vegetais no desenvolvimento de AVC nos homens*). J. Am. Med.Assoc.* **273**: 1113-1117.

Giusti, M.M, Rodriguez-Saona, L.E., Griffin, D. e Wrolstad, R.E., 1999. Electrospray e espetrometria de massa em tandem como ferramentas para a caraterização de antocianinas*. Journal of Agricultural Food Chemistry.* **47**(11): 4657-4664.

Gandig, S; Xue, Y; Berdeaux, O; Cheardigni, J M. e Sebe-dio J.L 2003.Conjugated linoleic acid (CLA) as a functional ingredient. In: *Functional DairyProducts*. Eds. T. M. Saadholm, M. Saar-ela, CRC Press, Cambrige (UK): 263-297.

Gangidi, R.R. e Proctor, A. 2004. Produção fotoquímica de ácido linoleico conjugado a partir de óleo de soja. *Lipids*. **39**: 577-582.

Gopalan C.; Ramasastri B.V e Balasubramanian S.C., 2000. Princípios aproximados: Alimentos comuns. In: B.S. Narasinga Rao, K.C. Pant e Y.G. Deosthale, Editores, *Nutritive value ofIndianfoods (Edição revista e actualizada)*, Instituto Nacional de Nutrição, ICMR, Hyderabad, Índia: 53-55.

Garcia, H. S; Storkson, J. M; Pariza, M..W. e Hill C.G 1998. Enriquecimento do óleo de manteiga com ácido linoleico conjugado *através de* reacções de interesterificação enzimática (acidólise). *Biotechnol Lett. 20*: 393-395.

Garcia, H. S.;Arcos, J. A ,;Ward, D .J. and Hill, C. G 2000.Synthesis of glycerides containing n-3 fatty acids and conjugated linoleic acidolysis by solvent-free acidolysis of fish oil. *Biotechnol. Bioeng 70*: 587-591.

Gopalan, C. Sastri, R.B.V.Balasubramaniam, S.C. NarasingaRao, B.S. Deosthale, Y.G. e Pant, K.C. 1996. Nutritive value ofIndian foods, Instituto Nacional de Nutrição, Conselho Indiano de Investigação Médica, Hyderabad, Índia.

Griffiths,,G., Trueman, L., Crowther, T., Thomas, B. e Smith, B., 2002. Cebolas, um benefício global para a saúde. *PhytotherapyResearch.* **16**: 603-615.

Gueguen, J. e Barbot, J. 1988. Variabilidade quantitativa e qualitativa da composição proteica da ervilha (Pisum sativum L.). *J. Science Food Agricultural.* **42**: 209-224.

Guil, J.L.e Rodriguez, 1.1999. *Eur. FoodRes. Technol.* **209**:313.

Hall, A.V. 1965. Estudos sobre as espécies sul-africanas de *Eulophia* . *Journal of SouthAfricanBotany*, suppl. 5.

Halliwell, B. 1997. Antioxidants in human health and disease (Antioxidantes na saúde e na doença humana*). Annual Review ofNutrition,* **16**: 33-50.

Harbome, J.B. e Grayer, R.J., 1988. The anthocyanins. In The Flavonoids. Advances in research since 1980, Chapman & Hall, Londres: 1-18.

Harbome, J.B. 1973. Phytochemical Methods, SecondEdition. Landon: Chapman and Hall.

Harborne, 1989. Procedimentos gerais e medição de fenólicos totais. Methods in plant biochemistry: Volume 1 Plant Phenolics, Academic Press, Londres: 1-28.

Harborne, 1999. Phytochemical dictionary: Handbook of bioactive compounds from plants 2nd (Edn.) Taylor and Francis, London : 221234.

Hakkinen, Karenlampi, Mykkanen e torronen, 2000. Influence of domestic processing and storage on flavonol contents in berries, *J. Agric. Food Chem.***48**: 2960-2965.

Harzdina, 1982. Antocianinas. In. The Flavonoids. Advances in research, Chapman and Hall, Londres: 135-188.

Hayes, D. G. 2006. Efeito da programação da temperatura no desempenho de fracionamento de ácidos gordos livres com base em compostos de inclusão de ureia. *J. Am . OH.Chem. Soc.* **83**: 253-259.

Heim, K.E.Tagliaferro, A.R. e Bobilya, D.J. 2002. Flavonoid antioxidants: chemistry, metabolism and structure-activity relationships. *TheJournal of Nutritional Biochemistry* **13**:572-584.

Helen A. Guthrie, 1986, Introductory Nutrition, Times Mirror/ Mosby College Publishing, EUA:93-95.

Helman, A.D. e Darnton, Hill.I. 1987. Vitamin and iron status in new vegetarians American Jnl of Clinical Nutrition .**45**:785-789

Herausgegeben Von ofMedical Research Recommended, dietary allowances for Indians, In Expert Committee for Dietary Guidelines (Eds,), *Dietary guidelines for Indians-a manual*: 65-76.

Hertog, Hollman, Katan e Feskens, 1993. Dietary antioxidant flavonoids and risk of coronary heart disease: the Zutphen Elderly Study, *Lancet,* **342**: 1007-1011.

Holland, D.J.; Jenkins, A.;. Kendall, C.W e Ransom, T.P.P. 1993. A fibra alimentar, a evolução da dieta humana e a doença coronária. *Nutrition Research* **18** :633-652.

Honnavally P. R.e Rudrapatnam N.T. 2004, Carbohydrates, The Renewable Raw Materials ofHigh Biotechnological Value, *Critical in reviews in Biotechnology,* **23**: 149-173.

Hyam, R. e Pankhurst, P. 1995. In: A Concise Dictionary, Oxford University Press, Oxford: 545.

IARC, 1994_IARC, Acrylamide. Monografias sobre a avaliação do risco carcinogénico para o homem: Alguns produtos químicos industriais Agência Internacional de

Investigação do Cancro, Lyon, França. **60**:389-433.

Isaacs, J.1987.Bush Food, Weldons, Sydney: 114.

Jenab M. e Thompson L.U.2002. *Papel do ácido fítico no cancro e noutras doenças*. In: Reddy, N.R. e Sathe, S.K, Food Phytates, CRC Press, Boca Raton, FL :225-248.

Joshipura, H. 2001. The effect of fruits and vegetables intake on risk for coronary heart disease.^"" *Intern Med.* **134**: 1106-1114.

Kabuye, CHS. 1997. Plantas alimentares silvestres potenciais do Quénia. In: Kinyua AM, Kofi-Tsekpo WM, Dangana LB. , editor. Conservation and utilization of indigenous medicinal plants and wild relatives of food crops. Nairobi, UNESCO:107-112.

Kalt, 2001. Variação específica em antocianinas, fenólicos e capacidade antioxidante entre genótipos de mirtilos de arbusto alto e arbusto baixo (*Vaccinium* secção *cyanococcus* spp.), *J.Agric Food Chem.,* **49**: 47614767.

Kaur, C. e H.C. Kapoor, 2002. Antioxidant activity and total phenolic content of some Asian vegetables, *Inter. J. Food Sci. and Technol.,* **37**: 153-161.

Kamath,and Belavady,1980, J.A. Marlett, Content and composition of dietary fiber in117 frequently consumed foods. *Journal of the American DieteticAssociation* **92**:175-286.

Kelsay, J.L. 1981.A review of research on effects of fiber intake on man. *American Journal of Clinical Nutrition,* **3**:142-159.

King, and Young ,1999.Characteristics and occurrence of phenolic phytochemicals, *Journal of theAmerican DieteticAssociation* **99**: 213218.

Koleva, I..I.; Linssen, J.P.; Van Beek, T.A. Evstatieva, L.N.; Kortenska, V. e Handjieva, N. 2003, Antioxidant activity screening of extracts from Sideritis species (Labiatae) grown in Bulgaria, *Journal of the Science of Food and Agriculture.* **83**:809-819.

Kratzer, F. Vohra, P. 1986. The effect of diet on plasma lipids, lipoprotein, and coronary heart disease. *J. Am. Diet.Assoc.* **88**: 13731411.

Lee, J.H.; Kim, M.R.; Kim, H..R.; Kim, I. H. e Lee K.T 2003. Caracterização de lípidos estruturados catalisados por lipase a partir de óleos vegetais selecionados com ácido linoleico conjugado: A sua estabilidade oxidativa com extractos de alecrim. *J. FoodSci.* **68**: 1653-1658.

Lee, J.H.; Shin, J.A; Lee, J.H. e Lee, K. T, 2004.Produção de lípidos estruturados catalisada por lipase a partir de óleo de cártamo com ácido linoleico conjugado e estudos de oxidação com extractos de alecrim. *Food Res. Int.* **37**: 967-974.

Levey, G.A. 1993. Revista Parade, The Washington Post: 5.

Liener, I. E. & M.L. Kakade 1969. Inibidores de proteases. In: Toxic constituents of plant foodstuffs, I.E. Liener (editor), Academic Press, London & New York: 6-68.

Loghurst, R. 1986. Household food strategies in response to seasonality andfamine. Boletim do IDS. **17**:27-35.

Lucarini, S. Canali, R. 1996. Conselho Nacional de Investigação. Carcinogens and anti carcinogen in the human diet. National Academy press, Washington:221-232.

Lund,E., 2003. Constituintes bioactivos não nutritivos das plantas: fontes dietéticas e benefícios para a saúde dos glucosinolatos. *International Journalfor Vitamin and Nutrition Research.* **73**:135-143.

Manach, C. Mazur, A. 2005. Scalbert, Polyphenols and prevention of cardiovascular diseases, Current Opinions in Lipidology **16**:77-84.

Marco, D.B.F. Joseph, V. e John, K. 1997. Mechanisms of disease: antioxidants and atherosclerotic heart disease (Mecanismos da doença: antioxidantes e doença cardíaca aterosclerótica), *New England Journal of Medicine.* **337**(6): 408-416.

Markakis, P.1982. Estabilidade das antocianinas nos alimentos. In: Anthocyanins as food colours, Academic Press, New York: 163-180.

Marlett B.;Mori, S.; Nakaji, K.; Sugawara, M.; Ohta, S.; Iwane, A.; Munakata,

Y. e G. Ohi, 1992, Proposal for recommended level of dietary fiber intake in Japão. *Nutrition Research* **16**: 53-60.

Masuda, T. Y. Inaba, T. Maekawa, H. Yamaguchi e K. Nakamoto, 2003.Método de deteção simultânea de compostos antirradicalares potentes no extrato bruto de plantas e sua aplicação para a identificação de constituintes vegetais antirradicalares, *J.Agric. Food Chem.***51**: 1831-1838.

Maundu, P.M. Ngugi, G.W. e Kabuye, CHS. 1999. Traditional food plants ofKenya. Nairobi: Museus Nacionais do Quénia.

Mazza, G. e Miniati, E., 1993. Anthocyanins in fruits, vegetables and grains. CRC, Boca Raton, EUA.

Middleton, 2000. The effects of plant flavonoids on mammalian cells: implications for inflammation, heart disease and cancer, *Pharmacology Review* **52** : 673-751.

Milner, A. 1999. Alimentos funcionais e promoção da saúde. *Journal of Nutrition.* **129**: 1395-1397

Mimaki,Y. Kanmoto, T. Sashida, Y. Nishino, A. Satomi, Y. e Nishino, H. 1996. Saponinas esteroidais das partes subterrâneas de Chlorophytum comosum e a sua atividade inibidora no metabolismo de fosfolípidos induzido por promotores tumorais de células HeLa, *Phytochemistry.* **41**: 1405-1410.

Mondy, N.I. e Gosselin, B. 1988. Effect of peeling on total phenols, total glycoalkaloids, discoloration and flavour of cooked potatoes, *Journal ofFoodScience* **53**:756-759.

Morgan, M.R.A. e Coxon, D.T.1987. Toilerances: glycoalkaloids in potatoes. In: D.H. Watson, Editor, *Natural toxicant in food*, Ellis Horwood Ltd., Chichester, Inglaterra: 221-227.

Mottram, D.S.;Wedzicha, B.L. e Dodson, A.T. 2002. Acrylamide is formed in the Maillard reaction, *Nature* **419**: 449-450.

Nagasawa, H. 2002. "Efeitos do melão amargo (*Momordica charantia*) ou rizoma de gengibre (*Zingiber offifinale* Rose.) Na tumorigénese mamária espontânea em ratos SHN". *Am. J. Clin.* Med. **30**(2-3): 195-205.

Naiz, 1993. Determinação dos hidratos de carbono nos alimentos. II- Hidratos de carbono não disponíveis. *Journal of the Science ofFood andAgricultural.* **20**: 331-335.

Nancy, J. e Wendt T., 2003. Método oficial AOAC 934.01. In: W. Horwitz, Editor (17ª ed., revisão 2), *AOAC International* **Vol. 1**, AOAC International, Gaithersburg, EUA

Oboh, M. M. et al 2003. Propriedades nutricionais e hemolíticas das folhas de Solanum (planta do ovo). *Jornal de Composição e Análise de Alimentos,* **18**(3): 153-160.

Ogle, B. M.e Grivetti, L.E. 1985. Legado das plantas silvestres comestíveis do camaleão no Reino da Suazilândia, África do Sul. Um estudo cultural, ecológico e nutricional. Partes II-IV, disponibilidade de espécies e utilização na dieta, análise por zona ecológica. *Ecologia da Alimentação e Nutrição.* **17**:1- 30.

Omara-Alwala, T.R. Mebrahtu, T. Prior D.E. e Ezekwe. M.0.*1999. J. Am. Oil Chern. Soc.* **68**: 198.

Onyechi,U.A., Judd, P.A. e Ellis, P.R.,1988. Os alimentos vegetais africanos ricos em polissacáridos não amiláceos reduzem as concentrações pós-prandiais de glucose e insulina no sangue em indivíduos saudáveis. *British Journal of Nutrition.* **30**(5): 419-428.

Ortega, J.; Lopez-Hemandez, A; Garcia, H.. S e Hill C.G2004.Lipase- mediated acidolysis of fully hydrogenated soybean oil with conjugated linoleic acid. *J. Food Sci.* **69**: 1-6.

Ozcan, M. Seven, S. 2003. Análise físico-química e composição de ácidos gordos do amendoim, óleo de amendoim e manteiga de amendoim das cultivares com e N C-7, *Grasasy Aceites* **54**(1): 12-18.

Palaniswamy, U.R. McAvoy, R. andBible, B. 1997. *Hort Science* **322**:463.

Panzhuyuia Z.Y.1995, Zhu, um novo género de Araceae da *China* Emeishiana *Alocasia J. Sichuan Chin. Med. School.* **4**: 49-52.

Parmar, C. e M.K. Kaushal. 1982. *Cordia obliqua.* In: Wild Fruits. Kalyani Publishers, Nova Deli, Índia: 19-22.

Parr, A.J. e Bolwell, G.P. 2000. Phenols in the plant and in man. O potencial para um possível melhoramento nutricional da dieta através da modificação do teor ou perfil de fenóis. *Journal of the Science of Food and Agriculture.* **80**: 985-1012.

Passera, C.A., Pedrotti e G. Ferrari., 1964. *Chromatography,* **14**: 289.

Pellegrini, N. Simonetti, P. Gardana, C. Brenna, O. Brighenti, F. e Pietta, P. 2000. Polyphenol content and total antioxidant activity of Vini Novelli (young red wines), *Journal of Agricultural and Food Chemistry.* **48** (3):732-735.

Plessi, M.; Bertelli, D. Phonzani, A.; Simonetti, M. ;Neri, A. e Damiani, P. 1999. *J. Food Comp. Anal.* **12**: 91-96.

Pulido, R. Bravo, L. e Saura-Calixto, F. 2000. Antioxidant activity of dietary polyphenols as determined by a modified ferric reducing/antioxidant power assay, *Journal of Agricultural and Food Chemistry.* **48**. (8): 3396-3402.

Pupponen-Pimia, R. Nohynek, L. Meier, C. Kahkonen, M. Heinonen, M. and Randhir, R. Lin, Y.T. and Shetty, K. 2004, Phenolics, their antioxidant and antimicrobial activity in dark germinated fenugreek sprouts in response to peptide and phytochemical elicitors, *Asia Pacific Journal of Clinical Nutrition* **13**:295-307.

Ramulu & Udayasekhararao , Schweitzer, T.F., & Edwards, C.A. 1997. *Dietary fiber, nutritionalfunction, health and disease-a component of food* Londres, Reino Unido: Springer: 295-332.

Radtke, 1998. PhenolsaurezufuhrErwachsener ineinen bayerischen Teilkollektiv der NationalenVerzehrsstudie, Zeitschrift fur Ernahrung- swissenscha: 235-238.

Rapisarda, 1999. Eficácia antioxidante influenciada pelo conteúdo fenólico de sumos de laranja frescos, *J.Agric. Food Chem.,* **47**: 4718-4723.

Reddy, N.R. 2002. Ocorrência, distribuição, conteúdo e ingestão dietética de fitato. In: Reddy, N.R. e S.K. Sathe (Eds.) 2002. Food phytates, CRC Press, Boca Raton, FL: 25-51.

Riboli, A. 2003. Epidemiologic evidence of the protective effect of fruits and vegetables on canc risk. *Am. J. Clin. Nutr.* **78**: 559-569.

Rice-Evans, 1996. Relações estrutura-atividade antioxidante de flavonóides e ácidos fenólicos, *Free radical Biol.Med.,* **20**: 933-956.

Robards , 1999. Phenolic compounds and their role in oxidative processes in fruits,*Food* Rapisarda *Chemistry* **66**: 401.

Roberfroid R. Selvendran, R. 1993.The plant cell wall as a source of dietary fiber: Química e estrutura. *Jornal Americano de Nutrição Clínica* **39**: 320-337.

Saif, M.W.2003. Existe um papel para a tiamina no tratamento da insuficiência cardíaca congestiva? *South Med J.* **96**(1):114-115.

Salih, O.M., Nour, A.M. e Harper, D.B., 1991. Composição química e nutricional de 2 fontes de alimentos para a fome utilizadas no Sudão, Mukheit (Boscia-Senegalensis) e Maikah (Dobera-Roxburghi). *Journal of the Science ofFood and Agriculture.* **57** (3): 9367-377.

Salisbury, E. 1961. Weeds andAliens, Collins, Londres: 384.

Salunkhe, D.K. e W u, M.T. 1974. Developments in technology of storage and handling of fresh fruits and vegetables, In Storage, Processing and nutritional quality of fruits and vegetables: 121- 160.

Samman, 1998. Flavonoids and coronary heart disease: Perspectivas dietéticas. In: C.A. Rice-Evans e L. Packer, Editores, Flavonoids in health and disease, Marcel Dekker, Nova Iorque: 469 - 482.

Sellappan, 2002. Phenolic compounds and antioxidant capacity of Georgia-grown blueberries and blackberries, *Journal Agric. FoodChem,* **50**: 2432-2438.

Selvendran R.B. Singh, M.A. Niaz, S. Ghosh, R. Singh e S.S. Rastogi, 1984, Effect of mortality and reinfarction of adding fruits and vegetables to a prudent diet in the Indian experiment of infarct survival (IEIS). *Journal of theAmerican College ofNutrition* **12**: 255-261.

Sena, L.; VanderJagt, D.; Rivera,C.; Tsin, A.; Muhammadu, I. ;Mahamadou, O.; Milson, M.; Pastosyn, A. e Glew, R. 1998. *Plant Foodsfor Human Nutr.* **52**: 17-30.

Senter S.D., Payne J.A., Miller G. e. Anagnostakis S.L,1994, Comparison of total lipids, fatty acids, sugars and nonvolatile organic acids in nuts from *Castanea* species. *Journal of the Science of Food and Agriculture* **65**: 223-227.

Sethi, P.D. 1996. High Performance Thin Layer Chromatography, CBS Publishers and Distributors, New Delhi: 3-68.

Shahidi e Naczk, 1995. Foodphenolics: Sources, Chemistry, Effects, Applications, Technomic Publishing Company Inc., Lancaster PA.:231- 245.

Shahidi 2002. *Food phenolics*: Sources, chemistry, effects, applications, Technomic Publishing Company Inc., Lancaster PA: 231-245.

Shingade, M.Y. Chavan, K.N.e Gupta, D.N.1995.Proximate composition of unconventional leafy vegetables from the Konkan region of Maharashtra, *Journal of Food Science and Technology.* **32**:429-431.

Simopoulos, A.P. Norman, H.A. e Gillaspy, J.E. 1995. Em: A.P. Simopoulos, Editor, Plants in HumanNutritionWorld. *Rev. Nutr. Diet.:* 77.

Simopoulos, A.P. Norman, H.A. Gillaspy, J.E. e Duke. J.A. 1992. *J. Am. Coll. Nutr.* **11**:374.

Simopoulos, A.P. e Salem, N.J. 1986. *New Engl. J.Med.* **315**: 833.

Singh, Niaz, Ghosh, & Rastogi 1993, D.A.T. Southgate, Determination of carbohydrates in foods. II unavailable carbohydrates. *Journal of the Science of Food and Agriculture* **20**:331-335

Singleton e Rossi, 1965. Orthofer e R.M. Lamuela Raventos, Analysis of total phenols and other oxidation substrates and antioxidants by means of the Folin- Ciocalteu reagent, methods in Enzymology:152- 175.

Slinkard, K. e V.L.Singleton 1977. Análise de fenóis totais: Automatização e comparação com métodos manuais. *Am. J. Enol. Viticul,* **28**: 49-55.

Smith, G.C. Clegg, M.S. Keen, C.L. e Griventi, L.E. 1996. Valores minerais de alimentos vegetais selecionados comuns ao sul do Burkina Faso e a Niamey, Niper, África Ocidental, *Int. J. Food Sci. Nutr.* **47**: 41-33.

Smith, K.T. 1988. Trace minerals in foods. New York: Marcel Dekker.

Souci-Fachmann-Kraut 2000. Tabelas de Composição dos Alimentos e Nutrição. Ed. Wissenschaftliche Verlagsgesellschaft mbH- Stuttgart.

Southgate P.J. Van Soest e R.H. Wine, 1969.Utilização de detergentes na análise de alimentos fibrosos para animais. IV. Determinação dos constituintes da parede celular das plantas. *Journal of the Association of Official Analytical Chemists* **50**: 50-55.

Spiller G.A., 2001, Dietary fiber in prevention and treatment of disease (Fibra alimentar na prevenção e tratamento de doenças). Em: G.A. Spiller, Editor, *CRC handbook of dietary fiber in human nutrition*, CRC Press LLC, Washington: 363-431.

Srinivasan,V.e Belavady,B.1976. Estado nutricional do ácido pantoténico em mulheres indianas grávidas e lactantes. *Int. J. Vitam. Nutr. Res.* **46**(4):433-438.

Stoker, D. 1995. Composição e distribuição da beladona mortal. Simpósio Africano sobre Culturas Hortícolas VI: 1-3.

Stahl, E., 1969. Thin Layer Chromatography A Laboratory Hand book, Spring Verlog Berlin, Heidenarg.

Strack, D. e Wray, V., 1994. As antocianinas. In: The Flavonoides. Advances in research since 1986, Chapman and Hall, Londres: 1-22.

Sun, Chu, Wu e Liu, 2002. Actividades antioxidantes e antiproliferativas de frutos comuns, *Journal ofAgricultural and Food Chemistry* **50**: 74497454.

Thompson D e Erdman J.1 982. Determinação do ácido fítico em grãos de soja. *J. of Food. Science* **47**: 234-239

Timberlake, C.F. e Bridle, P., 1982. Distribution of anthocyanins in food plants. Anthocyanins as food colors, in: Markakis, P., Editor, Academic Press, e Nova Iorque: 126-162.

Tindall, H.D. e Proctor, F.J. 1980. Prevenção de perdas em culturas hortícolas nos trópicos. Progr. Food Nutr. Sci **4**(3-4): 25-39.

Tomas-Barberan, F. e J.C. Espin, 2001.Phenolic compounds and related enzymes as determinants of quality of fruits and vegetables, *J. Sci. FoodandAgric.*, **81:** 853-878.

Toma, S. Bonelli, L.e Sartoris, A.2003. Suplementação de beta-caroteno em pacientes tratados radicalmente para cancro da cabeça e do pescoço em estádio I-II: resultados de um ensaio aleatório. *Oncol Rep.***10**(6):l 895-1901.

Torel, J., Cillard, J. & Cillard, P. 1986. Atividade antioxidante dos flavonóides e reatividade com o radical peroxi. *Phytochemistry,* **2**: 383385.

Trichopoulou, A., Naska, A., Antoniou, A., Friel, S., Trygg, K. e Turrini, A., 2003. Vegetais e fruta: as provas a seu favor e a perspetiva da saúde pública. *International Journalfor Vitamin and Nutrition Research.***73**: 63-69.

Truesdell, D.D. e Whitney, E.N.1984. Nutrientes em alimentos vegetarianos, *Journal of theAmericanDieteticAssociation.* **84**: 28.

Vanden, B.H. 1997. Bioavailability ofbiotin. *Eur. J. ClinNutr.* **51:**(l):60-61.

Van, T.,P., Jansen, M.C.J.F., Klerk, M. e Kok, F.J., 2000. Fruits and vegetables in the prevention of cancer and cardiovascular disease (Frutas e legumes na prevenção do cancro e das doenças cardiovasculares). *Public Health Nutrition* **3**:103-107.

Villamor, E. Saathoff, E.e Bosch, R.J. 2005. A suplementação vitamínica de mulheres infectadas pelo VIH melhora o crescimento infantil pós-natal. *Am. J. Clin. Nutr* ,**81**(4):880-888.

Vinson, J. Su, X. Zubik, L. e Bose, P. 2001. Phenol antioxidation quantity and quality in foods: fruit, *Journal ofAgricultural and Food Chemistry.* **49**. (11): 5315-5321.

Wagner, H. eBladt, S. 1996. Saponin Drugs. 305-326. In Plant Drug Analysis: A Thin Layer Chromatography Atlas. 2nd edition. Wagner e S. Bladt (eds.) Springer - Verlag Berlin Heidelberg Germany.

Wahlqvist, M.L.2001.Nutrition and diabetes in the Asia-Pacific region with reference to cardiovascular disease, *Asia Pacific Journal of Clinical Nutrition.***10** (2): 90-96.

Wang, H. Cao, G. e Prior, R.L.1996. Total antioxidant capacity of fruits, *Journal ofAgricultural and Food Chemistry.* **44** (3): 701-705. Wang, Y.W. e Jones, P.J.H, 2004. Conjugated linoleic acid and obesity control, Efficacy andmechanisms. *Int. J. Obesity* **28**: 941-955. Weaver, C.M. e S. Kannan. 2002. fitato e biodisponibilidade mineral. In: Reddy. N.R. S.K. Sathe (Eds.) 2002. Food Phytates. CRC Press, Boca Raton, FL: 211-223.

Wheeler, E.l. e R.E. Ferrel, 1971. amethodfor phytic acid determination in wheat and wheat fractions, *Cereal Chern.,* **48**: 312-316.

OMS. 1985. Necessidades energéticas e proteicas. Relatório de uma consulta conjunta de peritos da OMS. Série de Relatórios Técnicos da OMS n.º 724. Genebra: OMS

Williamson, G. 2005. Polyphenols: Componentes da dieta com benefícios comprovados para a saúde, *Journal of the Science of Food and Agriculture.* **85**: 1239-1240.

Wilson, K.B. 1990. Tese de doutoramento. University College, London, Department of Anthropology; Ecological dynamics and human welfare: a Case study of population, health and nutrition in southern Zimbabwe.

Wolfe, K.W.X. e. Liu, R.H.2003. Antioxidant activity of apple peels, *Journal of Agricultural and Food Chemistry*. **51** (3): 609-614.

Worsely, A. 2001. Diet and hypertension in the Asia-Pacific region: a brief review, *Asia Pacific Jornal of Clinical Nutrition*. **10** (2): 97-102.

Wyse, B.W.1979.Nuttrient analysis of exchange lists for meal planning, *Journal of theAmerican Dietetic Association*. **75**:238.

Yamaguchi, M.1983. Vegetais do Mundo: Princípio, produção e valores nutritivos. Plant, Science Textbook Series.

Yang , L.; Huang, Y.; Wang, H.Q. e Chen, Z. Y. 2002. Produção de ácidos linoleicos conjugados através da desidratação do ácido ricinoleico catalisada por KOH. *Chem. Phys. Lipids*. **119**: 23-31.

Yu, L.L. Zhou, K.K. e Parry, J. 2005, Antioxidant properties of cold-pressed black alcarway, carrot, cranberry, and hemp seed oils, *Food Chemistry*. **91**: 723-729.

I want morebooks!

Buy your books fast and straightforward online - at one of world's fastest growing online book stores! Environmentally sound due to Print-on-Demand technologies.

Buy your books online at
www.morebooks.shop

Compre os seus livros mais rápido e diretamente na internet, em uma das livrarias on-line com o maior crescimento no mundo! Produção que protege o meio ambiente através das tecnologias de impressão sob demanda.

Compre os seus livros on-line em
www.morebooks.shop

info@omniscriptum.com
www.omniscriptum.com

Printed by Books on Demand GmbH, Norderstedt / Germany